LA DIABETES MELLITUS: CONSIDERACIONES PARA SU PREVENCIÓN

Dr. Arnoldo Pérez Rodriguez

DR. ARNOLDO PÉREZ RODRÍGUEZ

Autor:

Msc Arnoldo Pérez Rodríguez

Especialista de primer y segundo grados en Medicina General Integral, Master en atención Primaria de Salud y Atención Integral a la Mujer, profesor auxiliar, investigador agregado, diplomado en diabetes y coordinador de la Maestría en Medios Diagnóstico.

Coautores:

Msc Yuliet Arleen Álvarez García

Especialista de primer grado en Medicina General Integral, master en Urgencias médicas, profesora asistente.

Msc Maritza del Carmen Berenguer Gouarnaluses

Especialista de primer y segundo grados en Administración de Salud, Master en atención Primaria de Salud, profesora auxiliar, investigadora agregada

Reseña histórica acerca de la diabetes melitus

La diabetes mellitus es una enfermedad crónica no transmisible que aparece descrita por primera vez en el papiro de Ebers (1550 a.n.e.), el cual la caracterizó por la micción abundante de algunos enfermos. Posteriormente, cerca del inicio de nuestra era, Areteo de Capadocia y Galeno de Pérgamo, realizaron la primera descripción clínica completa y detallada de la diabetes, centrada en la poliuria (cuando el paciente orina mucho) como manifestación fundamental, atribuían la diabetes a la disfunción del funcionamiento renal y de su capacidad para retener líquidos, durante siglos esta idea se repitió con solo pequeños cambios por todos los médicos que se ocuparon de esta enfermedad, y dominó los procedimientos terapéuticos que se basaban en intervenciones físicas, dietéticas y farmacológicas para controlar la poliuria y restituir el gran volumen de líquidos eliminados.

Fue Areteo de Capadocia el primero que le dio el nombre de Diabetes que significaba correr a través de un sifón y más adelante Tomás Willis le añadió la palabra mellitus que se traduce como azúcar, pues en el Ayur Veda se habla del sabor dulce de la orina y las concentraciones de hormigas alrededor de la misma.

La presencia de azúcar en la orina se detectó en 1674 y en la sangre en 1774. posteriormente se identificó este azúcar como glucosa, pero hasta mediados del siglo XIX se continuó atribuyendo la glucosuria (eliminación de glucosa por la orina) a la disminución de la capacidad "retentiva" del riñón. En 1796 el nivel alcanzado por la química analítica permitió a John Rollo demostrar que la magnitud de la glucosuria era proporcional a la cantidad y a las características de los alimentos ingeridos, planteó que el órgano responsable de la diabetes no era el riñón sino el estómago y desarrolló las bases del tratamiento dietético de la enfermedad.

Pasos importantes para el conocimiento de la diabetes fue cuando Morton en el año 1696 señaló el factor hereditario de esta afección y en 1857 cuando Claude Bernard, estableció el papel de la síntesis de glucosa en el hígado, y el concepto de que la diabetes se debe al exceso de producción de glucosa, no obstante, el mismo investigador planteó posteriormente que la diabetes podía tener su origen en el sistema nervioso, basado en otros experimentos en los que producía glucosuria experimental por la estimulación de la hipófisis.

En 1889 Joseph Von Mehring y Oskar Minkowski descubrieron el origen pancreático de la diabetes, cuando encontraron que los perros pancreatectomizados (eliminación del páncreas) presentaban los mismos síntomas que las personas con diabetes, especialmente poliuria y la presencia de altos niveles de glucosa en la orina. Es interesante que 200 años antes Johann Conrad Brunner había realizado el mismo experimento y descrito los mismos síntomas, pero no asoció el fenómeno con la diabetes, lo que significó un retraso notable del conocimiento de este tema; este investigador no detectó el sabor dulce de la orina de los animales de experimentación, ni en ese momento se contaba con la tecnología necesaria para detectar la presencia de glucosa en la orina.

En 1921 Banting y Best aíslan la insulina del páncreas y logran un preparado con acción hipoglucemiante cuando se le inyectaba a los perros hechos diabéticos previamente, sin embargo, en 1941, gracias a los estudios de Janbon y Loubatiéres sobre compuestos hipoglucemiantes de ingestión oral, se abrió una perspectiva en el tratamiento de la Diabetes mellitus, siendo finalmente Franke y Fuchs en

1955 los primeros en usar con éxito un derivado de las sulfonilureas por vía oral en el tratamiento de la Diabetes Mellitus del "adulto"., existiendo en la actualidad tres generaciones de estos medicamentos.

En la década del 60 Sanger descubre la secuencia de aminoácidos de la molécula de insulina, mientras que Y. T. Kung, logró en 1966, la síntesis de la molécula de insulina.

Los instrumentos analíticos disponibles en la segunda mitad del siglo XX permitieron demostrar que los trastornos de la tolerancia a la glucosa que caracterizan a la Diabetes Mellitus son una manifestación tardía, inconstante e inestable del desbalance entre la resistencia a la acción de la insulina y la disminución de la secreción de insulina por la célula beta del páncreas, así como de la secuencia de eventos que conducen al deterioro irreversible del control de la glucemia.

El progreso del conocimiento de la diabetes y de la de la tecnología para su diagnóstico y terapéutica, no solo han prolongado la vida del paciente, también han permitido detectar la enfermedad en etapas cada vez más tempranas, de ahí que el resultado final es que el período clínico de evolución de la diabetes, en el que el paciente está en contacto con los servicios de salud, se prolonga cada vez más y resulta indispensable el conocimiento de la enfermedad por el propio pacient

Comportamiento en Cuba y en el mundo

Según la Organización Mundial de la Salud (OMS), se ha observado una tendencia ascendente de esta afección en los últimos tiempos: en 1985, no menos de 30 millones de personas la padecían, cifras que se elevó a 100 en 1994, y a 165 en el 2000, pero se ha pronosticado que habrá 300 millones en el en el 2025 y 550 en el 2030.

Prevalencia de Diabetes y Tolerancia a la Glucosa Alterada (TGA) en el mundo 2007-2025

REGION	2007			2025		
	Diabetes	TGA	Total	Diabetes	TGA	total
Medio este	9.2	8.1	17.3	10.4	8.8	19,2
Europa	6.6	7.8	14.4	7.8	9.6	17.4
Norteamerica	8.4	5.8	14.2	9.7	6.7	16.4
Suramer & Caribe	6.3	7.5	13.8	9.3	7.9	17.2
Sudeste Asia	6.5	6.0	12.5	8.0	6.7	14.7
Pacífico	4.4	7.5	11.9	5.1	7.8	12.9
Africa	3.6	8.2	11.8	4.5	9,2	13.6
Mundo	6.0	7.5	13.5	7.3	8.0	15.3

Fuente: Diabetes Atlas .IDF 2003. Tasas comparativas x 100 x hab.

En Cuba la tendencia es a un incremento del número de enfermos, pues en 1991 había 15 por cada 1000 habitantes, en el año 2004 se elevó a 30, 5 y en el 2005 a casi 32.

Actualmente en nuestro país (según datos ofrecidos por el Dr. Oscar Díaz-director del Instituto Nacional de Endocrinología- en el programa televisivo mesa Redonda de abril del 2013), se encuentran registrados alrededor de 570 mil 341 personas que padecen esta enfermedad, aunque se estima que la cifra real sea superior.

Con relación a la mortalidad, ha tenido una tendencia decreciente en los últimos años, siendo la cifra de fallecidos por esta causa en el 2012 de 2120.

Definición y tipos principales

La Diabetes Mellitus es un trastorno metabólico producido por diversas causas que se caracteriza por hiperglucemia crónica (azúcar elevada en sangre), producida por una disminución de la producción de insulina por el páncreas, de su acción o de ambas situaciones. Todo esto trae aparejado complicaciones a largo plazo en los ojos, cerebro, corazón, riñones y nervios periféricos.

Ahora bien, ¿que es la glucosa y para que sirve?

Es uno de los nutrientes importantes para nuestro organismo. Sirve para poder realizar las funciones vitales: crecer, reproducirse, trabajar, estudiar, etc.

Los alimentos o nutrientes se dividen en carbohidratos, lípidos, proteínas, vitaminas y minerales. Los dos primeros tienen función energética, es decir producen energía para que el organismo realice sus funciones, la tercera tiene función de formar y reparar tejidos y las dos últimas su función es reguladora.

Los carbohidratos son de dos tipos: los azúcares simples y los complejos. Para que el organismo obtenga energía de los carbohidratos, es necesario que estos se transformen en glucosa.

Cuando se ingiere carbohidratos (dulces, pan galletas, arroz, harinas etc) desde la boca comienza la digestión de estos y ya en el intestino se convierten en glucosa, la cual pasa a la sangre originando hiperglucemia (azúcar elevada en sangre). Esta hiperglucemia origina la producción y liberación por el páncreas de una hormona llamada insulina.

Esta hormona permite la entrada de la glucosa a las células para producir energía en el cerebro y en los músculos o se almacenan en el hígado en forma de glucógeno, el cual enviará glucosa nuevamente a la sangre en los períodos de ayuno. De igual forma permite que los lípidos (grasas) y proteínas penetren en las células después de ser transformadas en el intestino en sustancias más simples y pequeñas.

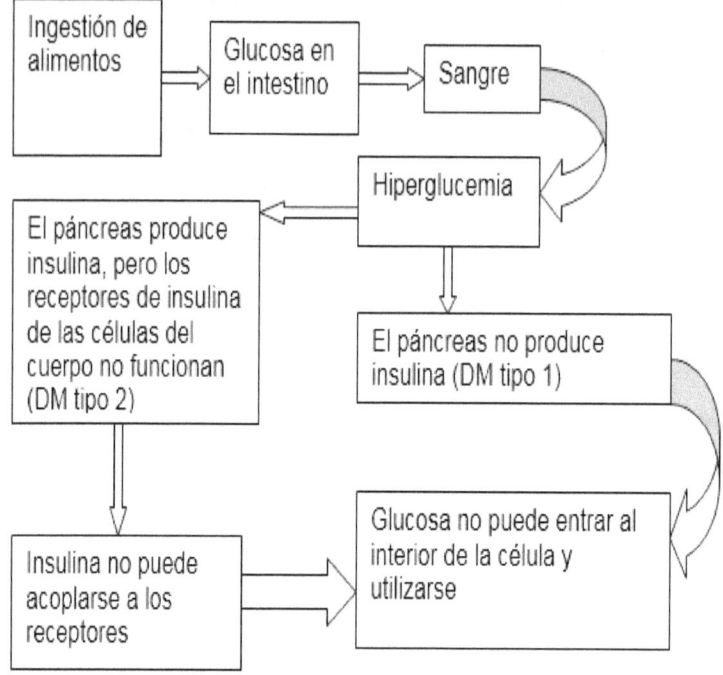

Gráfico 1: Como ocurre la transformación de los alimentos en el organismo en las personas no enfermas de Diabetes Mellitus.

Fuente: Navarro Despaigne D. Diabetes Mellitus, menopausia y osteoporosis. La Habana: editorial Científico Técnica; 2007: 3

En las personas portadoras de esta enfermedad ocurre lo siguiente: al ingerir alimentos (carbohidratos, lípidos, proteínas, etc) son degradados en el intestino y en el caso de los carbohidratos se convierten en glucosa, la cual pasa a la sangre produciéndose hiperglucemia pero como la persona es diabética su páncreas no produce insulina (Diabetes Mellitus tipo 1) y por tanto la glucosa no puede penetrar en las células del cuerpo y utilizarse o los receptores de insulina de las células del cuerpo no funcionan, la insulina no puede acoplarse a ellos y la glucosa no puede penetrar en las células del cuerpo y utilizarse (Diabetes Mellitus tipo 2).

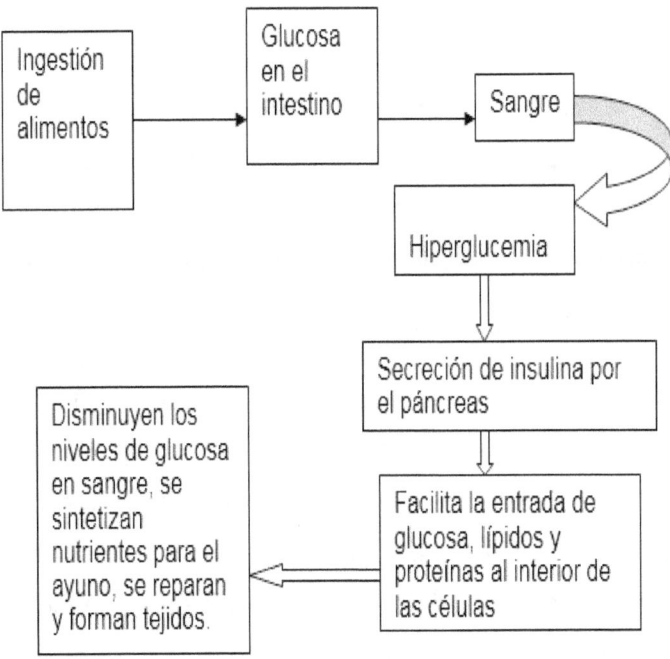

Gráfico 2: Como ocurre la transformación de los alimentos en el organismo en le caso de las personas con Diabetes Mellitus.

Existen como pudimos ver anteriormente dos tipos principales de Diabetes Mellitus: la del tipo 1 y la del tipo 2.

La diabetes *mellitus* tipo 1 (DM1) se inicia generalmente en niños y adultos jóvenes. También es posible, aunque menos frecuente, que este tipo de diabetes se inicie a partir de los 40 años.

La diabetes *mellitus* tipo 1 representa de un 5% a un 10% de todos los casos de diabetes. El mismo sistema inmunológico o de defensa del organismo ha inactivado la parte del páncreas que produce la insulina (células beta de los islotes de Langerhans).

Cuando el páncreas de una persona no produce insulina (déficit absoluto), los niveles de azúcar en la sangre se elevan de forma alarmante y se desencadenan síntomas exacerbados tales como: sed y ganas de orinar excesivas, presencia de acetona en la orina y, generalmente, pérdida de peso, aunque se haya tenido más hambre de la habitual en las últimas semanas o meses.

Todas las personas con diabetes *mellitus* tipo 1 saben que tienen esta enfermedad, es decir, están diagnosticadas. Los síntomas son tan claros que todas consultan al médico y se puede realizar el diagnóstico y el inicio del tratamiento.

Las personas con diabetes *mellitus* tipo 1 tienen que inyectarse la insulina para poder vivir, así como seguir un plan de alimentación saludable con control en cada comida o suplemento de los alimentos que elevan el nivel de glucosa en la sangre y adaptar la insulina y/o la alimentación, si realizan más actividad física. Para ello es muy importante realizar la glucemia capilar 3 o 4 veces al día y aprender a interpretar los resultados para ajustar la insulina en función de los mismos.

Cuando aparecen los síntomas de la diabetes *mellitus* tipo 1 se han inactivado aproximadamente las tres cuartas partes de los islotes, y queda aproximadamente una cuarta parte todavía activa. Es importante mantener esta pequeña reserva porque es una ayuda para conseguir controlar mejor la diabetes.

La diabetes *mellitus* tipo 2 (DM2) se inicia generalmente en adultos maduros, de aquí el nombre popular de diabetes de la gente mayor. Es la forma más común de diabetes, y se da entre un 90%-95% de todos los casos. La diabetes *mellitus* tipo 2 se debe a la incapacidad del cuerpo de producir insulina o de poder utilizar de forma adecuada la propia insulina (insulinorresistencia).

En nuestro medio, de cada 100 personas alrededor de 10 tienen diabetes *mellitus* tipo 2, aunque la mitad de las personas que la padecen no lo saben, porque en las fases iniciales de la enfermedad no da síntomas. Sólo puede diagnosticarse a través de un análisis del nivel de glucosa en la sangre.

Por esta razón, muchas personas se enteran de forma casual a través de análisis rutinarios realizados por otro motivo. Si los niveles de glucosa son muy altos sí que pueden notar síntomas de sed y ganas de orinar excesivas e incluso pérdida de peso.

El tratamiento puede variar en función de la fase en que se haya diagnosticado la enfermedad y de la evolución de la misma. Por tanto, habrá personas con diabetes *mellitus* tipo 2 en diferentes modalidades de tratamiento:

1. Seguir un plan de alimentación sano que ayude a controlar el peso corporal junto con la realización de actividad física regular (mínimo 3-4 veces por semana).

2. Si con el primer tratamiento no es suficiente, se añadirán antidiabéticos orales.
3. Si con el segundo tratamiento no es suficiente, puede ser necesario añadir insulina al tratamiento.

Con el paso de los años una gran mayoría de personas con diabetes tipo 2 acabarán necesitando insulina.

Existe además otro tipo de **Diabetes: la gestacional**. La misma ocurre durante el embarazo por lo que es exclusivo de este y con posterioridad al parto puede desaparecer o persistir,

Factores de riesgo que predisponen a padecerla

Los factores de riesgo son eventos o condiciones que aumentan la probabilidad de que una persona padezca de una enfermedad y pueden ser modificables o no modificables

Entre los factores de riesgo que se asocian con la Diabetes mellitus tenemos:

1.- APF de 1er grado (padre, madre, hijos y hermanos)

2.- Toda persona mayor de 45 años sobre todo si es obesa

La obesidad y el envejecimiento dificultan la acción de la insulina porque disminuyen los receptores para esta hormona, en las células del tejido adiposo (adipositos), por tanto, se dificulta la entrada de la glucosa a las células, lo que origina hiperglucemia.

La obesidad es la acumulación excesiva de grasa en el cuerpo, fundamentalmente en el tejido adiposo.

Para saber si existe obesidad se utilizan métodos diversos; uno de ellos relaciona el peso en kilogramos con la talla en metros. Se conoce como Índice de Masa Corporal. La fórmula para calcularlo es la siguiente:

IMC es igual al peso (Kg)

　　　Talla (metros cuadrado)

La interpretación es como sigue:

Resultado del IMC	Diagnóstico final
20-25 Kg/ m^2	No obesidad
26-29,9 Kg/ m^2	Obesidad grado I o sobrepeso
30-34,9 Kg/ m^2	Obesidad grado II
35-39,9 Kg/ m^2	Obesidad grado iii
Mayor de 40 Kg/ m^2	Obesidad grado IV o mórbida

También hay que tener en cuenta donde ocurre el mayor incremento del tejido adiposo, toda vez que se pueda acumular:

1.- Intrabdominal llamada obesidad androide o en manzana que es la que se relaciona con la Diabetes Mellitus y es más frecuente en el hombre.

2.- En las caderas originando la obesidad ginoide o en pera, más frecuente en la mujer.

Para saber el tipo de obesidad es necesario determinar la circunferencia de cintura, interpretándose de la forma siguiente:

Hombre: Circunferencia de cintura mayor que 102 cm, sugiere obesidad abdominal

Mujer: Circunferencia de cintura mayor que 88 cm, sugiere obesidad abdominal

Para que se produzca obesidad intervienen varios factores como: factores genéticos, problemas en el control del hambre/ saciedad, factores ambientales relacionados con la disponibilidad de alimentos, la no realización de ejercicios físicos, uso de medicamentos, etc.

Fuente: Conferencia sobre prediabetes impartida en la II Jornada Provincial sobre Diabetes Mellitus ¨Diabesan 2009¨

La obesidad es uno de los factores de riesgo más importantes asociados a la DM tipo2

3.- Sedentarismo

Se llaman sedentarias las personas que no realizan ejercicios físicos o no lo hacen de forma sistemática.

El ejercicio físico contribuye a mantener el peso ideal, reduce la tensión arterial y favorece la entrada de glucosa a las células, por tanto disminuye la glucemia.

4.- Madre con antecedentes de haber tenido un hijo macro feto, es decir que pesara al nacer más de 9 libras

5.- Antecedentes de haber tenido Diabetes Mellitus gestacional.

6.- Antecedentes de Hipertensión arterial

7.- Prediabetes

8.- Historia de enfermedad cardiovascular

9.- Antecedentes de bajo peso al nacer (peso menor de 2500 gramos)

10. Antecedentes de síndrome de ovários poliquísticos y síndrome metabólico.

En la actualidad se le está dando mucha importancia a los factores socioculturales como:

- El stress, el cual hace que se liberen hormonas que se oponen a la insulina

➢ Malos hábitos nutricionales dados por comidas ricas en carbohidratos azúcares y grasas, las que facilitan la obesidad.

➢ Nivel de ingresos:

Numerosos estudios han señalado la relación que existe entre la Diabetes Mellitus tipo 2 y el nivel de ingreso, toda vez que la situación socioeconómica condiciona conductas individuales respecto a la alimentación y a la práctica de ejercicios físicos. Muchas veces se ignora que no todas las personas tienen acceso a una alimentación saludable, rica en frutas y vegetales. Probablemente, podría ocurrir que un individuo pobre, tenga más probabilidades de comer alimentos baratos en establecimientos de comida rápida y tener otros hábitos no saludables como beber, debido a la depresión y el estrés que le ocasiona su situación socioeconómica. Contrariamente de lo que se pensaba, el bajo ingreso económico condiciona una alimentación deficiente (rica en grasa y azúcares) que asociado al sedentarismo conlleva a la obesidad, considerado el factor de riesgo más importante para desarrollar diabetes mellitus tipo 2, pues estas dos enfermedades dejaron de ser enfermedades de la abundancia.

➢ Ocupación:

La ocupación de las personas, o sea, la posición del individuo dentro de la estructura social, contribuye a protegerlo de determinados riesgos laborales, le facilita el acceso a los recursos sanitarios, contribuye a producirle diferentes niveles de estrés psicológico y puede influir en su comportamiento.

➢ Creencia sobre la belleza y la salud:

Entre la población se heredado la creencia (que se ha hecho costumbre) de que el hecho de ser rollizo es sinónimo de belleza y de ser saludable, lo que predispone al sobrepeso y la obesidad, uno de los factores de riesgo que más se asocian a la diabetes tipo 2.

➢ Nivel educacional:

Este factor está muy relacionado con el nivel de ingresos, la ocupación y el prestigio social. El nivel educacional está relacionado con el conocimiento sobre temas de salud, el interés por obtener información de salud y los estilos de vida saludables. Se ha demostrado que las personas con diabetes mellitus de bajo nivel educacional utilizan menos los servicios relacionados con el cuidado de su enfermedad; consecuentemente, son más propensas a padecer retinopatía, enfermedad cardiaca y mal control metabólico. Al igual que sucede con el nivel de ingreso, la relación entre DM 2 y nivel educacional está influida, en buena medida, por la obesidad. La educación contribuye a la elección de estilos de vida y comportamientos favorables a la salud, así como al acceso y mejores oportunidades de la vida que protegen a las personas de riesgos a la salud.

Además de estos factores también se asocian con la Diabetes mellitus tipo 1: el consumo de leche de vaca grandes cantidades, de productos enlatados, el consumo excesivo de jamón, pues para la producción de estos se utilizan los nitritos que son tóxicos para las células beta de páncreas así como las infecciones virales como la rubéola y la paperas, entre otras.

Gráfico 3: Factores de riesgo que se asocian con la DM tipo1

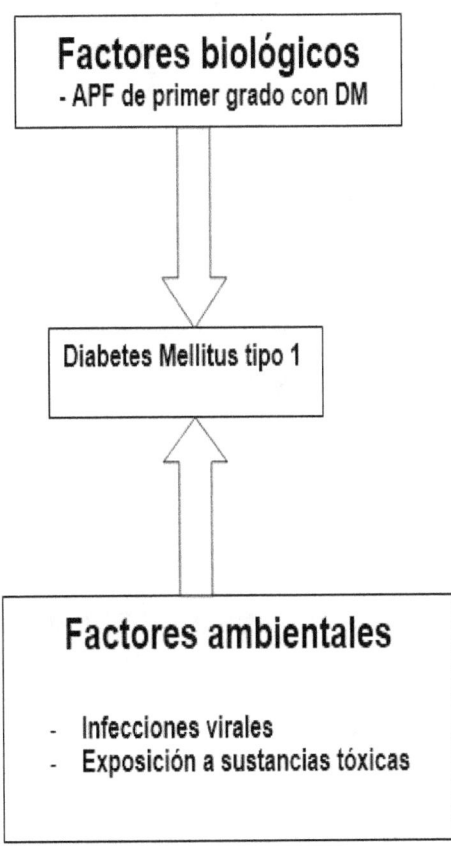

Gráfico 4: Factores de riesgo que se asocian con la DM tipo 2

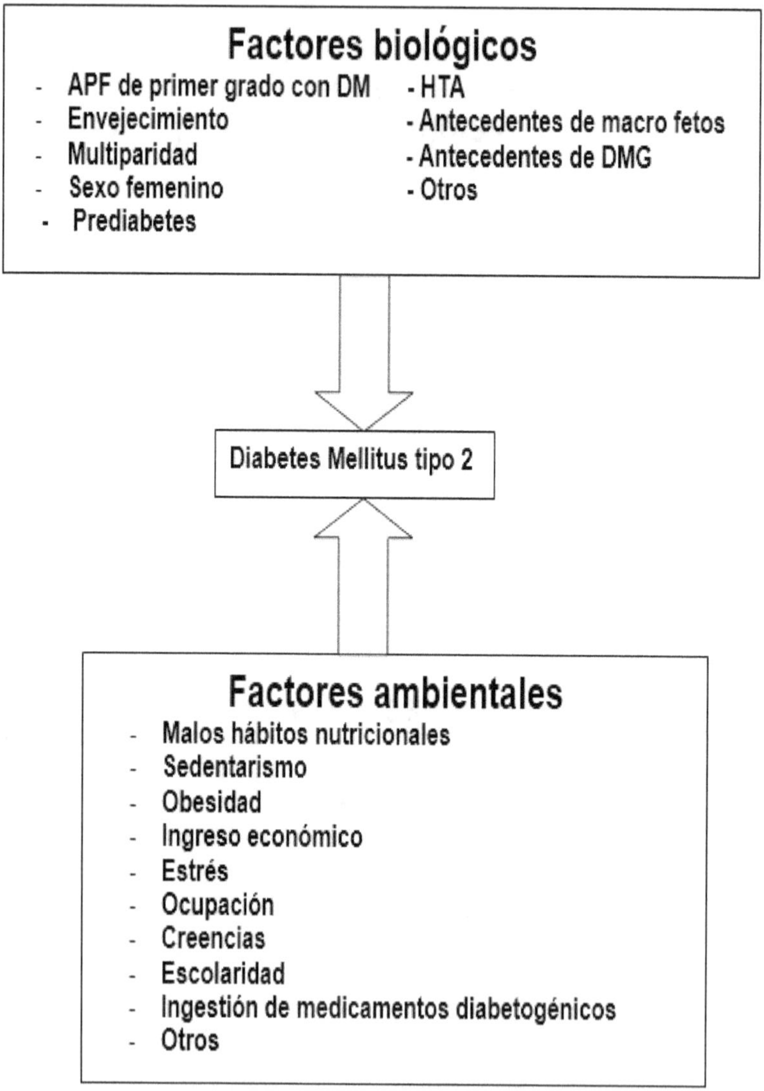

Factores biológicos
- APF de primer grado con DM
- Envejecimiento
- Multiparidad
- Sexo femenino
- Prediabetes
- HTA
- Antecedentes de macro fetos
- Antecedentes de DMG
- Otros

Diabetes Mellitus tipo 2

Factores ambientales
- Malos hábitos nutricionales
- Sedentarismo
- Obesidad
- Ingreso económico
- Estrés
- Ocupación
- Creencias
- Escolaridad
- Ingestión de medicamentos diabetogénicos
- Otros

Síntomas más sobresalientes

Los síntomas que más se destacan en esta enfermedad son:

- Mucha sed (polidipsia)
- Mucho apetito (polifagia)
- Orina en grandes cantidades (poliuria)
- Pérdida de peso
- Heridas que no cicatrizan
- Infecciones de la piel
- Infecciones de la vagina y el pene
- Decaimiento.

En algunas ocasiones, como ocurre con mucha frecuencia, al debut de la Diabetes Mellitus tipo 1, se produce un cuadro grave conocido como Cetoacidosis diabética, caracterizado por deshidratación, piel seca, visión borrosa, respiración agitada, somnolencia y pérdida de la conciencia. Otras veces el inicio de la enfermedad es lento y progresivo, posiblemente, con señales que pasan inadvertidas para el paciente, detectándose la enfermedad por un chequeo de rutina.

También es posible que pase un largo tiempo sin diagnosticarse, detectándose la misma con una de sus complicaciones las que más adelante abordaremos.

Ahora bien ¿por qué se producen estos síntomas?

Como existe hiperglucemia en sangre, los riñones permiten que la glucosa se escape por la orina, produciéndose orinas dulces (**glucosuria**), por eso donde orina un diabético, al recipiente le puede caer hormigas. Esa glucosa que se elimina por la orina arrastra agua y es por eso que hay aumento de la cantidad de orina, es decir el paciente orina mucho (**poliuria**). Hay mucha pérdida de agua por la orina, para reponerla se exacerba la sed y para saciarla se ingieren grandes cantidades de agua (**polidipsia**).

Por otra parte, como no hay entrada de glucosa a las células por el déficit de insulina o la insulinorresistencia, estas no producen energía, por lo que se origina **decaimiento** y mucho apetito (**polifagia**), mecanismo mediante el cual el organismo trata de que se ingiera nutrientes o alimentos, lo que a su vez puede ocasionar más hiperglucemia.

Como el organismo no puede obtener energía de la glucosa, trata de obtener está a través de los lípidos y las proteínas, lo que produce **pérdida de peso** y un estado muy grave llamado **cetosis**.

Síntomas de la Diabetes

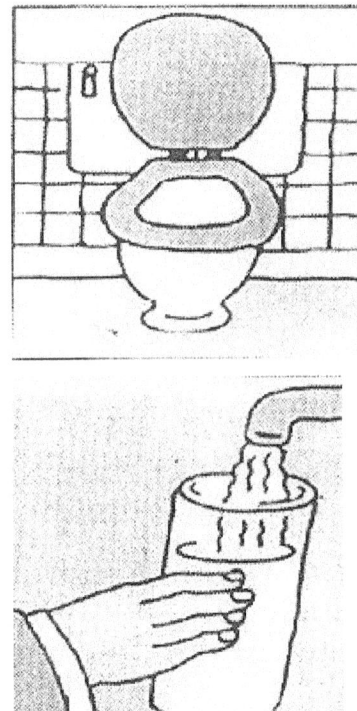

Orina en grandes cantidades

Mucha sed

Mucha Hambre
Decaimiento

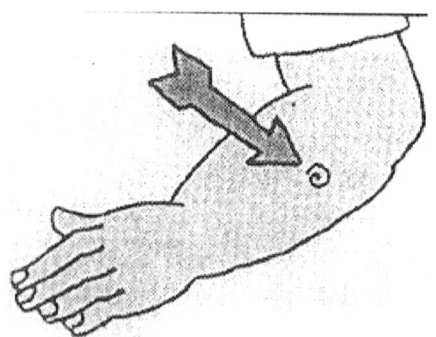

Mala cicatrización de las heridas
Calambres

LA DIBETES MELLITUS
Consideraciones para su prevención

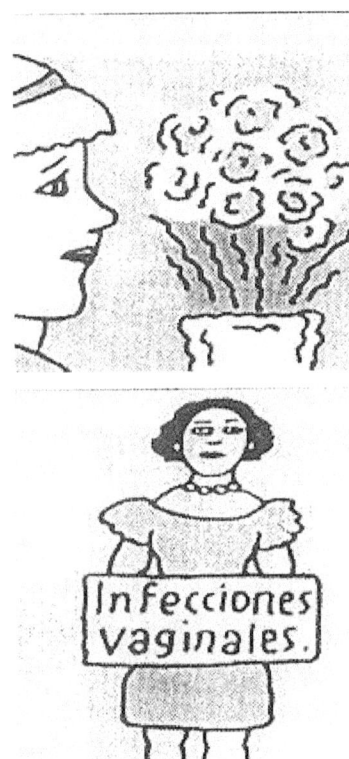

Visión   borrosa

Infecciones vaginales

Pérdida de peso

Fuente: Folleto de indicaciones para el uso del glucómetro. Comisión Técnica Asesora de Diabetes. MINSAP: 5

Cómo usted puede saber que tiene diabetes mellitus

Si usted tiene alguno de las factores de riesgo mencionados, pero además los síntomas clásicos de la enfermedad, debe someterse a la realización de una glucemia en ayunas, al azar o si es necesario una prueba de tolerancia a la glucosa.

Se considera que una persona tiene Diabetes Mellitus cuando uno de los criterios bioquímicos está presente:

- ➢ Glucemia en ayunas igual o mayor que 7 mmol/l o 126 mg/dl
- ➢ Glucemia posprandial igual o mayor a 11,1 mmol/l o 200mg/dl
- ➢ Prueba de tolerancia a la glucosa oral: glucemia en ayunas mayor o igual a 7 mmol/l o 126 mg/dl y/o a las 2 horas es igual o mayor a 11,1 mmol/l o 200 mg/dl.

Si usted tiene los síntomas clásicos ya descritos, se requiere uno de los criterios bioquímicos anteriores.

Si no tiene síntomas (asintomático) es necesario al menos tener un resultado adicional de cualquiera de los criterios bioquímicos (análisis de sangre).

En el caso de que tenga factores de riesgo y los complementarios sean normales se debe realizar la pesquisa para la DM por lo menos una vez al año.

Si los resultados de los análisis están en mg/dl para llevarlos a mmol/l debe dividirlo entre 18.

Complicaciones agudas de la diabetes mellitus

Existen fundamentalmente dos complicaciones agudas: la hiperglucemia y la hipoglucemia.

La hiperglucemia no es más que la glucemia (azúcar) elevada en sangre. Sus cifras normales son de de 3.8 hasta 5.5 mmol/l

Sus síntomas son los siguientes:
- Orina mucho (poliuria)
- Sed intensa (polidipsia)
- Mucha hambre (polifagia)
- Orinas dulces (glucosuria)
- Decaimiento
- Visión borrosa

Este cuadro habitualmente se establece muy lento, excepto cuando la persona tiene un grave problema de salud o familiar, en estos casos ocurre más rápido.

Si la glucemia está muy elevada pueden aparecer otros síntomas como: se intensifican los síntomas de descompensación de la enfermedad descritos anteriormente, dolor abdominal, náuseas, vómitos que pueden llegar a la deshidratación, dolor de cabeza, ansiedad, falta de aire, disminución de la tensión arterial así como pérdida del conocimiento, originándose un cuadro grave llamado cetoacidosis diabética.

Esta complicación se puede producir por las causas que a continuación se señalan:

- ✓ Omisión del tratamiento o una dosis insuficiente
- ✓ Tener alguna infección (caries dentales, hogos en los pies, infección vaginal, entre otras)
- ✓ Comer mucho, es decir, no cumplir con la dieta establecida, incluyendo dulces, helados, azúcar, etc
- ✓ Estrés psicológico (riñas familiares, disgustos en el trabajo, en la escuela, malas noticias, etc)
- ✓ Cambios de medicamentos

Para confirmar el diagnóstico de hiperglucemia, es necesario determinar los niveles de glucosa en sangre, lo puede hacer en el laboratorio o hacerlo usted mismo (a) con el empleo del glucómetro. También lo puede confirmar con la presencia de glucosuria (glucosa en la orina). Para ello en nuestro medio se utiliza el reactivo de Benedict.

¿Cómo prevenirla?

> ➢ Realizar de forma estricta el tratamiento médico indicado
> ➢ Cumplir con la dieta de acuerdo a su estado nutricional (si es obeso, normopeso o bajo peso)
> ➢ Realizar ejercicios físicos si no están contraindicados
> ➢ Realizarse periódicamente el automonitoreo de la glucemia en sangre, utilizando el glucómetro y en orina a través del reactivo de Benedict

¿Qué hacer?

Debe acudir a su médico de inmediato o al cuerpo de guardia.

La hipoglucemia como su nombre lo indica es azúcar baja, por debajo de 3.8 mmol/l.

Su sintomatología va a estar dada por:

- ❖ Sudoración de intensidad variable
- ❖ Temblores
- ❖ Palpitaciones
- ❖ Sensación de calambres
- ❖ Decaimiento
- ❖ Visión borrosa

❖ Nerviosismo

Si la disminución de la glucemia es muy severa puede llegar a perder el conocimiento y tener convulsiones.

¿Cuáles son sus causas?

- Ayuno prolongado o ingerir menor cantidad de alimentos que los requeridos
- Administrarse mayor cantidad de medicamentos que los indicados por el médico
- Realizar ejercicios físicos sin la ingestión de alimentos previamente
- Ingestión de bebidas alcohólicas
- Cambios de medicamentos

¿Cómo prevenirla?

- Antes de realizar cualquier ejercicio físico desacostumbrado ingerir alimentos
- Realizar la dieta indicada sin violar horarios de comida
- Administrarse la cantidad de medicamentos indicadas por el facultativo
- Llevar consigo siempre caramelos
- No ingerir excesiva cantidad de bebidas alcohólicas

- ¿Qué hacer?

Debe ingerir alimentos en forma de azúcares sencillos (caramelo, refresco, jugos, batido, miel) y posteriormente comer alimentos más complejos. Si con estas medidas no mejora acudir al médico lo antes posible.

Tabla1: Características de la híper e hipoglucemia

Características	Hipoglucemia	Hiperglucemia
Síntomas	Sudoración	Poliuria
	Frialdad	Polidipsia
	Nerviosismo	Polifagia
	Temblores	
	Visión borrosa	Decaimiento
	Palpitaciones	Dolor abdominal
		Náuseas y vómitos
Forma de evolución	Rápida	Lenta
Confirmar el diagnóstico	Medir glucemia	Medir glucemia y glucosuria
Tratamiento	Ingerir alimentos azucarados	Cumplir con la dieta y con los medicamentos indicados
Tiempo de respuesta al tratamiento	Inmediata, de lo contrario asistir al facultativo de inmediato	Lenta

Fuente: Navarro Despaigne D. Diabetes Mellitus, menopausia y osteoporosis. La Habana: editorial Científico Técnica; 2007: 55.

LA DIBETES MELLITUS
Consideraciones para su prevención

Complicaciones crónicas

OCULARES

- Blefaritis (inflamación del párpado)
- Oftalmoplejías (parálisis de los músculos del ojo)
- Glaucoma (aumento de la presión intraocular)
- Catarata
- Retinopatía

De todas estas complicaciones las más frecuentes son la catarata y la retinopatía

CATARATA

Es la opacidad del cristalino, lente especial del ojo que permite el paso de la luz, si se oscurece, se origina la catarata y por tanto hay pérdida de la visión. Esta se puede originar por otras causas.

RETINOPATÍA DIABÉTICA

Es una de las causas de ceguera en las personas con esta afección. Para su prevención es necesario lo siguiente:

- ✓ Mantener un buen control metabólico desde que la persona se diagnostique y sobre todo después de tener conocimiento sobre esta complicación
- ✓ Mantener la tensión arterial controlada mediante un tratamiento efectivo y sistemático
- ✓ Eliminar el hábito de fumar
- ✓ Exámen sistemático del fondo de ojo (anualmente) aunque no tenga síntomas oculares.

Es necesario que usted conozca que el descontrol metabólico, a veces origina trastornos en la visión (visión borrosa) debido a que el cristalino se llena de glucosa y agua. Para que el cristalino vuelva a la normalidad es necesario que los niveles de glucemia vuelvan estén normales durante 6 semanas como mínimo.

Por eso es necesario que cuando el paciente portador de esta enfermedad se realice una refracción (medirse la vista) tenga la glucemia normal por lo menos durante 6 semanas.

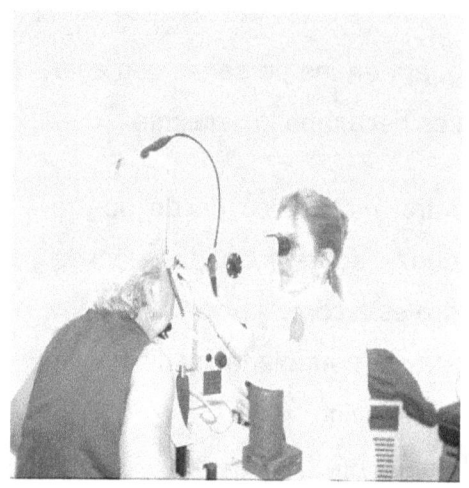

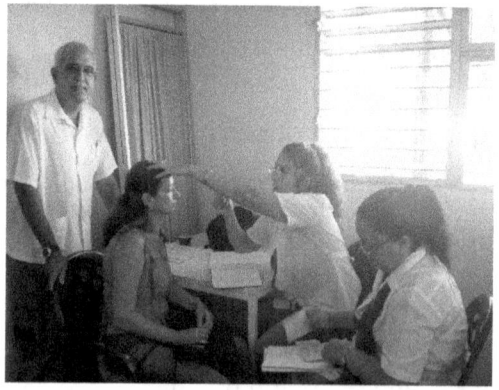

Fuente: Conferencia sobre Conceptualización de los Centros de Atención al Diabético de Cuba impartida por el Dr. Oscar Díaz Díaz en la II Jornada Provincial sobre Diabetes Mellitus ¨Diabesan 2009¨

NEUROPATÍA DIABÉTICA

Es la complicación crónica más frecuente en los pacientes con esta patología. Esta puede ser: periférica cuando afecta a los nervios periféricos y autonómica cuando afecta los nervios que inervan los diferentes órganos y sistemas.

Se produce a causa de la hiperglucemia crónica, la cual hace que se acumule glucosa y otras sustancias en las células del sistema nervioso, que se afecte la membrana celular y que se estreche y ocluyan los pequeños vasos sanguíneos que irrigan a los nervios. Todo lo cual originará trastornos en la conducción nerviosa (Gráfico 5).

NEUROPATÍA PERIFÉRICA

Su sintomatología va a estar dada por calambres o sensaciones anormales dadas por adormecimiento, hormigueo, pichazos, sensación de calor o de frio, etc, así como disminución de la sensibilidad en las manos y en los pies generalmente bilaterales.

NEUROPATÍA AUTONÓMICA

Sus síntomas estarán en dependencia del órgano o sistema afectado.

Sistema digestivo

En este sistema puede originar síntomas como diarreas, constipación, acidez, sensación de llenura, entre otros y se llama neuropatía digestiva

Sistema genitourinario

Aquí causa una complicación llamada vejiga neurogénica que se caracteriza por una disminución de la frecuencia de las micciones y vaciamiento de la vejiga, reteniéndose orina que puede facilitar que aparezcan infecciones urinarias, siendo esta otra de las complicaciones a este nivel.

Las personas que padecen de vejiga neurogénica se les aconseja vaciar la vejiga frecuentemente aunque no tengan deseos (cada 4 horas) para evitar esta retención de orina y sus consecuencias. A veces es necesario apretar la parte baja del abdomen para completar el vaciamiento.

Debido a esta complicación muchas veces el (la) paciente se realiza el Benenict y aparece glucosuria, sin embargo, al realizarse la glucemia esta puede estar normal, pues es posible que la persona tuviera un descontrol metabólico hace unos días y como hay retención de la orina aparece la glucosuria y como actualmente está compensado la glucemia es normal.

Otra de las complicaciones en este sistema es la disfunción sexual. En el hombre se manifiesta por la dificultad o incapacidad para la erección del pene, pérdidas de las erecciones nocturnas y matutinas, así como de la eyaculación apareciendo lo que se llama como eyaculación retrógrada, es decir el paciente mantiene el deseo sexual y siente que llegó al orgasmo pero no eyacula, posteriormente cuando orina se expulsa ese semen retenido.

En la mujer aparece una disminución de la lubricación vaginal, lo que origina dolor durante el coito y poco deseo sexual secundariamente.

Para evitar o mejorar estas complicaciones es necesario mantener un buen control metabólico y acudir al especialista en cuestión porque todo no está perdido, existen medicamentos para mejorar su situación y otras medidas para poder disfrutar de una sexualidad plena.

Sistema cardiovascular

En este sistema produce la neuropatía cardiovascular que se manifiesta por palpitaciones e hipertensión ortostática

(cuando la tensión arterial baja al ponerse el paciente de pie)

Como la Diabetes Mellitus es una enfermedad que acelera el proceso de aterosclerosis (acumulo de placas de grasas en las arterias que pueden originar su estrechamiento y por tanto disminución del paso de la sangre), puede producir otras complicaciones como: cardiopatía isquémica, cuya forma clínica más dramática es el Infarto agudo del miocardio (IMA), la enfermedad cerebrovascular o ictus cuando hay disminución o supresión de la circulación de las arterias que irrigan al cerebro, produciéndose dificultad para mover un lado del cuerpo, para hablar, relajación de esfínteres (el paciente se orina o defeca involuntariamente), entre otros, insuficiencia arterial de miembro inferiores la cual origina dolor en las pantorrillas cuando el paciente camina que obliga al paciente a pararse (claudicación intermitente) o en reposo, pies fríos, sudorosos con coloración azulada. Según la intensidad de la oclusión puede llegar a la necrosis (muerte del tejido) y amputación del pie.

Existen varios factores de riesgo de la aterosclerosis, los cuales pueden se modificables y no modificables. Antes de dar a conocer los mismos usted debe conocer que es un factor de riesgo. Este no es más que una condición que aumenta la probabilidad de originar un daño a la salud.

Entre los factores de riesgo no modificables de la aterosclerosis está la edad avanzada, antecedentes familiares de alcoholismo, menopausia, hipertrofia ventricular izquierda, hipertensión arterial, entre otros y como modificables está la dislipemia (aumento de la grasa en sangre), el tabaquismo, la obesidad, el sedentarismo, la hiperglucemia, etc

Debemos señalar que si la persona tiene más de un factor de riesgo tiene mucha más probabilidades de desarrollar la enfermedad. También hay que tener en cuenta el tiempo que ha estado influyendo ese factor de riesgo, es decir, a mayor tiempo de incidencia mayor es la probabilidad de contraer la afección.

NEFROPATÍA DIABÉTICA

Esta complicación es más frecuente en las personas con Diabetes tipo 1 y puede llegar a la Insuficiencia renal crónica.

La causa es la hiperglucemia crónica la cual origina engrosamiento de los capilares (vasos sanguíneos pequeños) a nivel del riñón alterándose la función del glomérulo que es la zona donde se filtra la sangre y se inicia la formación de la orina. Esto trae como consecuencia que se retengan en la sangre sustancias de deshecho y disminuye la formación de la orina, perdiéndose la función del riñón.

En los estadíos iniciales el (la) paciente es asintomático, sin embargo comienza a eliminar proteínas a través de la orina (microalbuminuria). En este período el proceso es reversible, por lo que se hace necesario detectar el daño renal en las etapas iniciales. Es muy importante realizarse el exámen de microalbuminuria una vez al año con este fin.

A medida que avanza la enfermedad aparecen los demás síntomas: hipertensión arterial, edemas (hinchazón) en miembros inferiores, los cuales se van generalizando, decaimiento, anemia, vómitos, oliguria (disminución de la cantidad de orina) que puede llegar a la anuria (no eliminación de orinas) y la muerte del paciente sino se realiza hemodiálisis, diálisis o el transplante renal.

Para prevenir esta complicación se hace necesario que usted cumpla el tratamiento para su enfermedad manteniendo un buen control metabólico, lograr que las cifras de tensión arterial estén dentro de límites normales, evitar y tratar las infecciones urinarias, evitar el tabaquismo, la multiparidad y los medicamentos que afecten la función renal así como realizarse exámenes de microalbuminuria y de la función renal por lo menos una vez al año para la detección precoz de la enfermedad.

PIE DIABÉTICO

No es más que toda lesión que se produce en el pie de las personas con esta patología cuyas causas son las que a continuación se relacionan:
- Hiperglucemia crónica
- Presencia de neuropatía periférica y autonómica
- Déficit de circulación por aterosclerosis.
- Infecciones

Factores desencadenantes
- Uso de calzado no adecuado (calzado sin puntera o sin talón, muy grande o muy apretado, confeccionado con material muy duro, con pliegues, cordones o suturas, con puntillas sobresalientes que pinchen el pie)
- Traumatismos locales (por corte inadecuado de las uñas, golpes casuales, uso de sustancias quemantes, heridas u otros traumatismos, etc).

Sintomatología

Van a estar presentes los síntomas de la neuropatía periférica y/o autonómica ya descritos, de la insuficiencia arterial y los de toda infección (dolor, aumento de la temperatura local y coloración rojiza). Además se puede presentar una lesión ulcerosa o un proceso isquémico del tejido (necrosis). Otros de los signos son las deformidades de los pies y las callosidades. Ante la presencia de estas acudir al especialista.

¿Cómo se produce?

La causa principal es la hiperglucemia crónica, la cual origina una neuropatía periférica sensitiva que trae como consecuencia que el (la) paciente no perciba cualquier traumatismo o lesión a nivel del pie, apareciendo una úlcera (pérdida de la piel) la que posteriormente se puede infectar a lo que contribuye el déficit importante de la circulación, todo lo cual originaría la muerte del tejido (Gráfico 6)

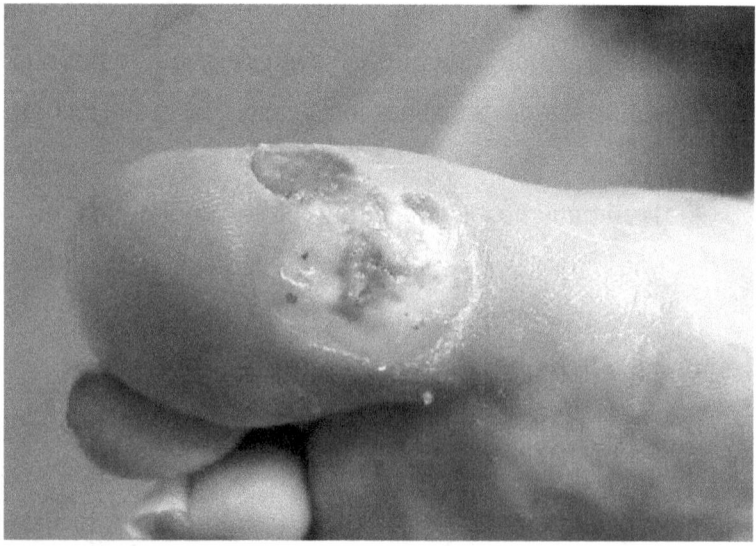

Fuente: Pie diabético.

Gráfico 5: Mecanismo de producción del pie diabético

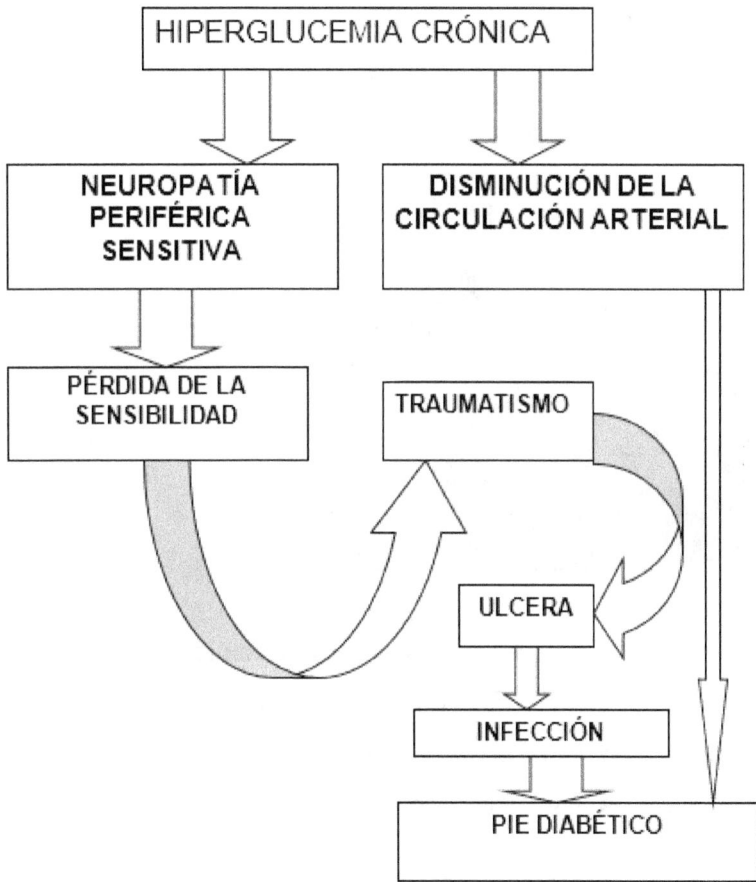

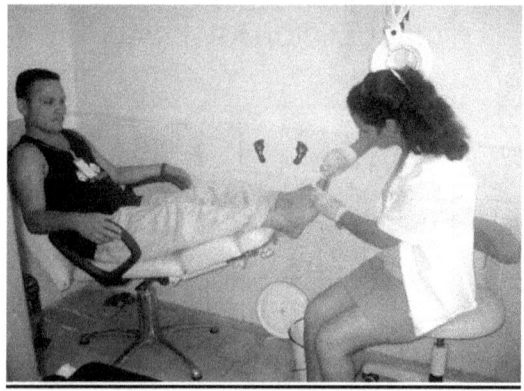

Fuente: Conferencia sobre Conceptualización de los Centros de Atención al Diabético de Cuba impartida por el Dr. Oscar Díaz Díaz en la II Jornada Provincial sobre Diabetes Mellitus "Diabesan 2009"

¿Qué es la prediabetes?

La prediabetes es una condición que está presente antes que se desarrolle la diabetes mellitus de tipo 2. En ella los niveles de glucemia en sangre son más altos que lo normal, pero no tan altos para diagnosticar diabetes. Es decir, se considera prediabetes cuando los niveles de glucemia plasmática en ayunas están entre 5,6 y 6,9 mmol/L (100 a 125 mg/dL) o cuando se realice una prueba de tolerancia a la glucosa (PTGO) y a las 2 horas la glucosa en sangre (glucemia) se encuentre entre 7,8 y 11 mmol/L (140 a 199 mg/dL).

En general, las personas con prediabetes no presentan síntomas. De hecho, millones de personas tienen diabetes y no lo saben porque los síntomas evolucionan poco a poco y las personas no los reconocen. Algunas personas ni siquiera presentan síntomas

Las personas con prediabetes tienen 1,5 veces mayor riesgo de sufrir enfermedades cardiovasculares que aquellas con un nivel normal de glucosa en sangre y se eleva hasta 4 en las personas con diabetes.

Entre los principales factores de riesgo que se asocian con esta condición se encuentran:

- Sobrepeso u obesidad

- Vida sedentaria

- Antecedentes familiares de diabetes (padre, madre, hijos o hermanos)

- Edad mayor de 45 años

- Elevados niveles de grasas en la sangre

- En el caso de las mujeres, haber parido a un bebé con peso al nacer de 4 kg (9 libras o más), además de tener antecedente de diabetes gestacional y de síndrome de ovarios poliquísticos.

- Hipertensión arterial

Si las personas con estos factores de riesgo y con prediabetes no desarrollan estrategias para modificar algunos de ellos, casi todas, padecerán diabetes mellitus de tipo 2 en los próximos 8 a 10 años. Anualmente, uno de cada 10 pacientes con prediabetes (o sea, 10 %) la desarrolla.

La prevención de la prediabetes (y de la diabetes de tipo 2) es posible aún cuando haya antecedentes de diabetes en la familia. En la mayoría de las personas con prediabetes puede evitarse la progresión a la diabetes si se hacen cambios en el estilo de vida que incluya lo siguiente:

- Mantener una dieta equilibrada, con pocas grasas, muchas frutas, vegetales y granos integrales.
- Realizar actividades físicas regularmente (una media hora cinco veces a la semana)
- Conservar un peso saludable.

Se recomienda bajar una cantidad moderada de peso (5-10 por ciento del peso total) mediante una dieta y ejercicio moderado, por ejemplo, caminar 30 minutos por día, cinco días a la semana. No se preocupe si no puede llegar a su peso ideal. Bajar de 10 a 15 libras (4/6 kilos) puede representar una diferencia importante. Si usted tiene prediabetes, el riesgo de tener un ataque cardíaco o un derrame cerebral es del 50 por ciento. Por lo tanto, es probable que su médico le indique someterse a un tratamiento o recibir orientación sobre los factores de riesgo cardiovascular; por ejemplo, el consumo de tabaco, la presión arterial elevada y el colesterol alto.

Aunque este es el tratamiento fundamental, se fueden utilizar otros medicamentos como la Metformina.

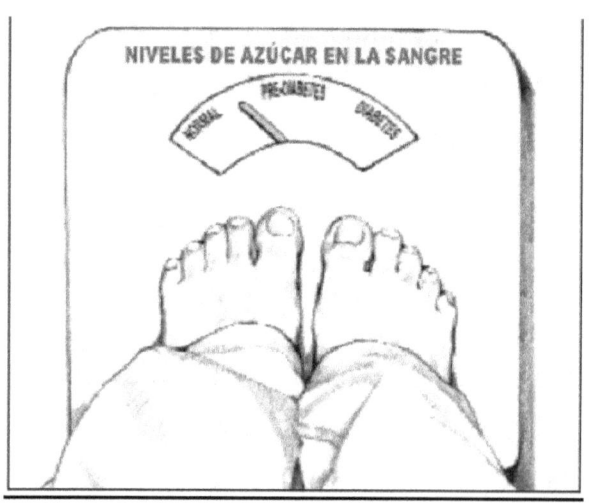

La prediabetes es una condición que se desarrolla antes de la diabetes tipo 2

Fuente: Todo sobre la prediabetes. <http://professional.diabetes.org/UserFiles/File/Make%20the%20Link%20Docs/CVD%20Toolkit/Spanish/01.sp.PreDiabetes.pdf

Tratamiento de la diabetes mellitus

Los objetivos del tratamiento de esta afección son:
1. Mantener al paciente libre de síntomas y signos que le permita desarrollar normalmente su actividad física, mental, laboral y social.
2. Lograr un buen control metabólico o lo más cercano posible a lo normal.
3. Prevenir o retrasar las complicaciones agudas y crónicas
4. Controlar los principales factores de riesgo que facilitan la aparición de complicaciones como:
   - Obesidad
   - Aumento de grasas en la sangre
   - Hábito de fumar

> Alcoholismo

5. Rehabilitar a los pacientes con secuelas, por las posibles complicaciones.

PILARES DEL TRATAMIENTO

✦ Educación

La diabetes mellitus es una enfermedad crónica que requiere tratamiento vitalicio, generalmente administrado por el propio paciente, el cual resulta complejo y cambia el movimiento espontáneo del quehacer diario.

Ninguna otra entidad exige mayor participación por parte del afectado, pues él mismo debe administrarse la inyección de insulina o tomar tabletas o ambos, realizarse las pruebas de orina o de sangre y responsabilizarse con lo que come, cuando y cómo; por tanto, la labor educativa del paciente debe durar toda la vida como forma para mantener compensada la enfermedad, evitar descompensación y complicaciones.

No solo basta que el médico disponga del tratamiento idóneo, el factor clave para obtener la participación activa y responsable del paciente en las exigencias del control metabólico consiste en un proceso educativo que garantice la comprensión del enfermo sobre los aspectos relacionados con su enfermedad.

Existen tres formas de educar y adiestrar al paciente diabético:

- La educación individual: tiene la ventaja de responder a inquietudes particulares.

- La educación en grupo: llega a una mayor cantidad de pacientes y puede promover la interacción y el apoyo entre ellos.

- La mixta

La tarea de educación al paciente se inicia en el momento del diagnóstico, durará (al igual que la diabetes) toda la vida.

El programa de educación en diabetes debe ir dirigido:

- A personas con diabetes

- A población de riesgo (prevención)

- A población no diabética (prevención).

¿Quién lo lleva a cabo?:

- El equipo de salud completo (médico, enfermera, educador de salud, dietista, psicóloga, podólogo, oftalmólogo, estomatólogo, trabajadora social).

- Pacientes con larga duración de la enfermedad, con buen control metabólico, con conocimiento y aceptación del tratamiento.

¿Qué enseñar?:

- Concepto de diabetes, clasificación y Sintomatología.

- Como se hace el diagnóstico

- Complicaciones agudas y crónicas

- Benedict y su interpretación (teoría y práctica)

- Utilización del glucómetro y su interpretación

- Pilares del tratamiento

- Cuidados de la boca

- Cuidados de los pies

- Importancia de la relajación

- Prevención de la enfermedad en las personas con riesgo

La educación diabetológica es considerada la piedra angular del tratamiento de las personas con Diabetes, toda vez que produce cambios favorables en el estilo de vida en relación con la dieta, la realización de ejercicios físicos, el abandono del hábito de fumar y de la ingestión de bebidas alcohólicas, así como el incremento de la cultura sanitaria a estas personas, individuos en riesgo y población en general; previene o retrasa las complicaciones a largo plazo en los pacientes afectos y eleva la esperanza de vida de estas personas, también proporciona mejor control metabólico y cambios positivos en los principales indicadores clínicos (reducción del peso corporal en los sobrepesos u obesos y reducción de la tensión arterial); reduce los ingresos hospitalarios con la consiguiente disminución de los costos que esto implica (en alimentación, medicamentos, pérdidas de días laborables, entre otros); mejora la economía del paciente y de su familia (se reducen los gastos empleados en la adquisición de medicamentos); aumenta el nivel de conocimientos, destrezas y habilidades para poder convivir con su enfermedad, mejorando la calidad de vida de estas personas.

Fuente: Conferencia sobre Conceptualización de los Centros de Atención al Diabético de Cuba impartida por el Dr. Oscar Díaz Díaz en la II Jornada Provincial sobre Diabetes Mellitus ¨Diabesan 2009¨

Con el objetivo de brindar educación terapéutica a las personas con Diabetes Mellitus, a sus familiares y a la población en general, se han creado en nuestro país los Centros de Atención al Diabético

Centro de Atención al Diabético de Santiago de Cuba

Fuente: Conferencia sobre el CAD de Santiago de Cuba impartida en la II Jornada Provincial sobre Diabetes Mellitus "Diabesan 2009"

- **Dieta**

Este tratamiento está dirigido a:

1. Establecer una nutrición adecuada para lograr o mantener un peso deseado

2. Prevenir variaciones bruscas y alcanzar el control de la glucemia

3. Reducir el riesgo de complicaciones

Estas dietas se basan en el control de la ingestión de productos energéticos, proteínas, grasas e hidratos de carbono.

Principios nutricionales:

1. Distribuir las calorías totales de la forma siguiente: 55-60 % de carbohidratos, 15-20 % de proteínas y 25-30 % de grasas

2. Restringir las grasas

3. Recomendar el consumo de carbohidratos en forma de azúcares no refinados

4. Asegurar alimentos ricos en fibras (cáscaras de los frijoles, chicharos y otros granos así como de los cereales, el gollejo de las frutas, piel de los vegetales, etc), vitaminas y minerales.

5. No violar los horarios de alimentos e ingerir 6 comidas diarias (desayuno, 2 meriendas en la mañana y la tarde, almuerzo, comida y cena) pero en pequeñas cantidades.

6. Recomendar una dieta balanceada, es decir que contenga nutrientes de todos los grupos de alimentos.

7. La dieta debe ser uniforme que quiere decir que el paciente debe ingerir diariamente la misma cantidad de calorías.

Para calcular la cantidad total diaria de calorías hay que tener en cuenta el estado nutricional del paciente, es decir si es sobrepeso u obeso, normopeso o bajo peso, el grado de actividad que realiza el paciente, el momento fisiológico en que se encuentra y la edad.

Para determinar el estado nutricional del paciente se calcula el índice de masa corporal (IMC) a través de la conocida fórmula:

$$IMC = \frac{Peso\ (kg)}{Talla\ (m)^2}$$

Los puntos de cortes para evaluar el estado nutricional en adultos son:

Índice de masa corporal inferior a 18,5: bajo de peso; entre 18,5 y 24,9: peso adecuado o normal; entre 25,0 y 29,9: sobrepeso; igual o superior a 30,0: obeso.

Con relación a la edad se plantea que un adulto joven normopeso debe ingerir 30 kcal/Kg de peso, por encima de los 40 años de edad, las necesidades energéticas disminuyen, de manera que entre 40 y 49 años se reducen 5%, entre, 50 y 59 años, otro 5%, entre 60 y 69 años un 10% y más de 70 años otro 10%.

En los niños el cálculo calórico será de 1000 calorías por el primer año y 100 calorías más por cada año de edad cumplido. Durante la pubertad se añadirá 100 calorías adicionales hasta un máximo de 2400 en la hembra y 2800 en el varón.

A partir de esta información se calcula el total de calorías por peso ideal (kilocalorías x kg de peso ideal), de acuerdo con la actividad física que realiza el paciente:

Peso	Calorías según actividad física		
	Ligera	Moderada	Severa
Peso normal	30	35	40
Sobrepeso	20	25	30
Bajo de peso	35	40	45

El cálculo es siempre aproximado, pero es necesario reajustar la dieta si no se logra su objetivo o si se llega al peso ideal.

La distribución de las calorías total debe ser la siguiente:

- Desayuno: 15 %

- Merienda: 10 %

- Almuerzo: 25-30 %

- Merienda: 10%

- Comida: 30%

- Cena: 15 %

Cuando se conoce el total de calorías correspondientes, se pueden utilizar modelos de dietas ya elaborados de 1 200 a 3 000 calorías, que sirven de guía para preparar el menú, según los gustos y preferencias de cada persona.

También para preparar las comidas y como los alimentos son muy variados, es necesario contar con una lista de intercambios donde se agrupan alimentos semejantes en su contenido nutricional y calórico, lo que permite el intercambio o reemplazo de estos según gustos y preferencias. Las listas se muestran a continuación:

Intercambio de leche

- **Lista 1**

Cada intercambio es igual a:

Carbohidratos: 14 g

Proteínas: 7 g

Grasas: 6 g

Calorías: 130 cal

- Leche condensada: 2 cucharadas

- Leche en polvo: 3 cucharadas

- Leche evaporada: ½ taza

- Leche fresca y yogur: 1 taza

Intercambio de vegetales

- **Lista 2**

Cada intercambio es igual a:

Carbohidratos: 3 g

Proteínas: 2 g

Grasas: 0 g

Calorías: 18 cal

- Quimbombó y habichuela: ½ taza

- Lechuga, berro, acelga, col, apio, chayote, berenjena, coliflor, pepino, rábano, pimiento, espinaca, berza y nabo: 1 taza

- Tomate mediano: 1 unidad

- **Lista 2 a**

Cada intercambio es igual a:

Carbohidratos: 7 g

Proteínas: 2 g

Grasas: 0 g

Calorías: 30 cal

- Cebolla cruda, cebolla cocinada y remolacha: ½ taza

- Zanahoria: ⅔ de taza

Intercambio de frutas

- **Lista 3**

Cada intercambio es igual a:

Carbohidratos: 8 g

Proteínas: 1 g

Grasas: 0 g

Calorías: 35 cal

- Toronja: ½ unidad

- Jugo de limón, anón y masa de coco tierna: ½ taza

- Mango: ½ pequeño

- Piña: ⅓ de taza

- Mamey: ¼ de uno pequeño

- Chirimoya: ½ de una mediana

- Melón de castilla, melón de agua y frutabomba: 1 taza

- Naranja: 1 mediana

- Mandarina: 1 grande o 2 pequeñas

- Plátano fruta: 1 pequeño

- Caimito: 1

- Zapote: 1

- Guayaba: 2 pequeñas

Intercambio de azúcar, dulces y helados

- **Lista 3 a**

Cada intercambio es igual a:

Carbohidratos: 12 g

Proteínas: 0 g

Grasas: 0 g

Calorías: 46 cal

- Azúcar, mermelada, dulce en almíbar y pasta de fruta: 1 cucharada

- Panetela y gelatina: ½ onza

- Gelatina: ½ taza

- Helado: 1 ½ cucharadas

- Arroz con leche, natilla y pudín de pan: 2 cucharadas

- Helado normal: 3 cucharadas

- Compota: 4 cucharadas

Intercambio de panes, galletas, viandas, cereales y granos

- **Lista 4**

Cada intercambio es igual a:

Carbohidratos: 15 g

Proteínas: 2 g

Grasas: 0 g

Calorías: 70 cal

- **Panes y galletas**

- Pan suave redondo: 1 unidad

- Pan de flauta: 1 rebanada de 4 cm

- Galletas de sal o de soda: 4 unidades

- **Viandas**

- Malanga, boniato, plátano, yuca: ⅓ de taza

- Calabaza: 1 taza

- Papa: ⅔ de taza

- **Cereales y granos**

- Arroz, pastas alimenticias y harina de maíz: ⅓ de taza o 3 cucharadas

- Chíncharo, frijoles (negro, colorado, blanco), garbanzo, lenteja y judía: ¼ de taza del grano solo

- Hojuelas de maíz: ¾ de taza

- Crema de arroz, gofio y maicena: 2 cucharadas

- Harina lacteada: 5 cucharadas

- Avena: 8 cucharadas

Intercambio de carnes

- **Lista 5**

Cada intercambio es igual a:

Carbohidratos: 1 g

Proteínas: 7 g

Grasas: 4 g

Calorías: 75 cal

- Carne de res, cerdo, ave, lengua, víscera, pescado y jamón: 1 onza

- Marisco, cangrejo, langosta, calamar y camarón: ¼ de taza

- Huevo: 1 unidad

- Queso (blanco, amarillo y proceso): 1 onza

- Sardina: 1 onza (3 pequeñas o una grande)

- Embutidos (butifarra campesina, chorizo, mortadela, salami, jamonada y otros): 1 onza

- Perro caliente: 1 unidad

Intercambio de grasas

- **Lista 6**

Cada intercambio es igual a:

Carbohidratos: 0 g

Proteínas: 0 g

Grasas: 4 g

Calorías: 36 cal

- Aceite, manteca, mantequilla y mayonesa: 1 cucharada

- Queso crema: 2 cucharadas

- Aguacate: ¼ de lasca (de uno pequeño)

- Tocino: 1 lasca pequeña

- Maní: 15 unidades

A continuación se relacionan los principales modelos dietas:

Dieta de 1 200 kilocalorías
DESAYUNO
1. Escoger uno (1) de los siguientes alimentos de la lista de: LECHES Y DERIVADOS (puede usar café amargo y sacarina para endulzarlo)
• 1 taza de leche fresca descremada.
• 1 taza de leche en polvo descremada (3 cucharadas de polvo).
• 1 taza de yogur.
• 1 taza de leche evaporada: (mitad de leche y mitad de agua).
2. Escoger uno (1) de los siguientes alimentos de la lista de CEREALES:
• Pan de flauta: una rebanada de 2 cm de ancho.
• Panecito blanco: uno de los chicos.

- Pan integral: (1) una rebanada de 3 cm de ancho.
- Galletas de sal o soda: 4 de las más chicas.

MERIENDA

1. Escoger uno de los siguientes alimentos:
- 2 raciones de frutas: 1 toronja, 2 naranjas, 2 platanitos o
- 4 galleticas de sal o soda.

2. Una taza de té, tilo, manzanilla, anís, etc. (endulzado con sacarina).

ALMUERZO

1. HORTALIZAS O VEGETALES: Coma todo lo que desee, excepto remolacha,
aguacate y zanahoria.

2. Escoger tres (3) intercambios de alimentos de la siguiente lista de VIANDAS,
GRANOS, ARROZ Y HARINAS (cocinados)
- Malanga, plátano, boniato o yuca: 1/3 taza.
- Papa: 2/3 taza.
- Arroz, frijoles, harina o pastas alimenticias: 3 cucharadas o 1/3 taza.
- Pastas integrales: 6 cucharadas o 2/3 taza.
- Sopa de fideos: 12 cucharadas.

3. Escoger uno de los siguientes alimentos de la lista de PROTEICOS
- Carne de res, ave, pescado o cerdo: 2 onzas (60 gramos).
- Huevo: 2 unidades.
- Queso, jamón, jamonada o butifarra: 2 onzas (60 gramos).

- Perro caliente: 2 unidades.
- Mariscos: 1/2 taza.

4. Utilice una cucharadita de grasa (aceite vegetal sin colesterol) para elaborar los alimentos.

MERIENDA

Igual que a media mañana.

COMIDA

Igual que el almuerzo.

ANTES DE ACOSTARSE

Una (1) taza de cualquiera de las LECHES Y DERIVADOS señaladas en el desayuno.

Dieta de 1 500 kilocalorías

DESAYUNO

1. LECHE: Escoger una (1) de las siguientes:
- 1 taza de leche fresca descremada.
- 1 taza de agua con tres cucharadas de leche en polvo descremada.
- 1 taza de yogur.
- 1 taza de leche evaporada así: mitad de leche y mitad de agua.

2. Escoger uno (1) de los siguientes alimentos:
- Pan de flauta: 1 rebanada de 2 cm de ancho.
- Panecito blanco: uno de los chicos.
- Pan integral: (1) una rebanada de 3 cm de ancho.
- Galleticas de sal o de soda: 4 de las más chicas.

3. Escoger uno (1) de los siguientes alimentos:
- Huevo hervido: 1 unidad.
- Queso proceso, blanco duro o amarillo, jamón, jamonada, perro caliente o
butifarras: 1 onza (o sea 30 gramos).

MEDIA MAÑANA

1. Taza de infusión de té, tilo, manzanilla, anís, etc. (puede endulzarlo con sacarina).
2. Escoger uno (1) de los siguientes alimentos: 4 galleticas de sal o de soda, o dos (2) raciones de frutas; por ejemplo: 1 toronja, 2 platanitos, 2 naranjas, 1 mango pequeño, 1/3 taza de piña, etcétera.

ALMUERZO

1. HORTALIZAS O VEGETALES: Coma todo lo que desee, excepto remolacha,
aguacate y zanahoria. Pueden ser preparados con vinagre o limón.
2. Escoger cuatro (4) de los alimentos en la lista de VIANDAS, ARROZ, GRANOS Y HARINAS (cocinados):
- Papa: 2/3 taza.
- Malanga, boniato, plátano o yuca: 1/3 taza.
- Calabaza: 1 taza.
- Arroz, pastas alimenticias, harina de maíz o frijoles: 3 cucharadas o 1/3 taza.
- Pastas integrales: 2/3 taza.
3. Escoger uno (1) de los siguientes alimentos:

- Carne de res, ave o pescado: 2 onzas (o sea 60 gramos).
- Mariscos: ½ taza.
- Huevos: 2 unidades.
- Queso: 2 onzas (o sea 60 gramos).

4. Utilice una (1) cucharadita de GRASA (aceite preferiblemente) para cocinar los alimentos.

MERIENDA

Igual que a media mañana.

COMIDA

Igual que el almuerzo.

ANTES DE ACOSTARSE

Una (1) taza de las LECHES señaladas en el desayuno.

Esta dieta contiene aproximadamente 1 500 calorías:

Carbohidratos 205 g (55 %)

Proteínas 75 g (20 %)

Grasas 40 g (25 %)

Dieta de 1 800 kilocalorías

DESAYUNO

3. LECHE: Escoger una (1) de las siguientes:
- 1 taza de leche fresca descremada.
- 1 taza de agua con tres (3) cucharadas de leche en polvo.
- 1 taza de yogur.
- 1 taza de leche evaporada así: mitad de leche y mitad de agua.
- Puede usar café amargo y sacarina para endulzarla.

4. Escoger uno (1) de los siguientes alimentos:
- Pan de flauta: una rebanada de 2 cm de ancho.
- Panecito blanco: uno de los chicos.
- Pan integral: (1) una rebanada de 3 cm de ancho.
- Galleticas de sal o soda: 4 de las más chicas.

5. Escoger uno (1) de los siguientes alimentos:
- Huevo hervido: 1 unidad.
- Queso proceso, blanco duro o amarillo, jamón, jamonada, perro caliente o
butifarras: 1 onza (o sea 30 gramos).

4. Escoger uno (1) de los siguientes alimentos:
Aceite, mayonesa o margarina: una (1) cucharadita.

MEDIA MAÑANA

1. 1 taza de infusión de tilo, té, manzanilla, anís, etc. (puede ser endulzado con
sacarina).

2. Escoger uno (1) de los siguientes alimentos:

3. Galleticas de sal o de soda o dos (2) raciones de frutas; por ejemplo: 1 toronja,
2 platanitos, 2 naranjas, 1 mango pequeño, 2/3 taza de piña, etcétera.

ALMUERZO

1. HORTALIZAS O VEGETALES: Coma todo lo que desee, excepto remolacha,
aguacate y zanahoria. Pueden ser preparados con vinagre o limón.

2. Escoger cinco (5) de los siguientes alimentos en la lista de: VIANDAS, ARROZ, GRANOS Y HARINAS (cocinados).
- Malanga, boniato, plátano o yuca: 1/3 taza.
- Papa: 2/3 taza.
- Calabaza: 1 taza.
- Arroz, pastas alimenticias, harina de maíz o frijoles: 3 cucharadas o 1/3 taza.
- Pastas integrales: 2/3 taza.

3. Escoger uno (1) de los siguientes alimentos:
- Carne de res, ave o pescado: 2 onzas (o sea 60 gramos).
- Mariscos: 1/2 taza.
- Huevos: 2 unidades.
- Quesos: 2 onzas (o sea 60 gramos).

4. Utilice una (1) cucharadita de grasa (aceite preferiblemente) para cocinar los alimentos.

MERIENDA

Escoger una (1) taza de las leches señaladas en el desayuno.

COMIDA

1. HORTALIZAS O VEGETALES: Coma todo lo que desee, excepto remolacha,
aguacate y zanahoria. Pueden ser preparados con vinagre o limón.

2. Escoger cinco (5) de los siguientes alimentos en la lista de: VIANDAS, ARROZ, GRANOS Y HARINAS (cocinados).

• Malanga, boniato, plátano o yuca: 1/3 taza.

• Papa: 2/3 taza.

• Calabaza: 1 taza.

• Arroz, pastas alimenticias, harina de maíz o frijoles: 3 cucharadas o 1/3 taza.

• Pastas integrales: 2/3 taza.

3. Escoger uno (1) de los siguientes alimentos:

• Carne de res, ave o pescado: 2 onzas (o sea 60 gramos).

• Mariscos: 1/2 taza.

• Huevos: 2 unidades.

• Quesos: 2 onzas (o sea 60 gramos).

4. Utilice una (1) cucharadita de grasa (aceite preferiblemente) para cocinar los

alimentos.

ANTES DE ACOSTARSE

1. Una (1) taza de las leches señaladas para el desayuno.

2. Escoger uno (1) de los siguientes alimentos:

• Pan de flauta: una rebanada de 2 cm de ancho.

• Panecito blanco: uno de los chicos.

• Pan integral: (1) una rebanada de 3 cm de ancho.

• Galleticas de sal o soda: 4 de las más chicas.

Esta dieta contiene aproximadamente 1 800 calorías:

Carbohidratos 249 g (55 %)

Proteínas 86 g (20 %)

Grasas 50 g (25 %)

Dieta de 2 000 kilocalorías

DESAYUNO

1. LECHE: Escoger una (1) de las siguientes (puede usar café amargo y sacarina para endulzarlas).

- 1 taza de leche fresca descremada.
- 1 taza de agua con tres cucharadas de polvo.
- 1 taza de yogur.
- 1 taza de leche evaporada así: mitad de leche y mitad de agua.

2. Escoger uno (1) de los siguientes alimentos:

- Pan de flauta: una rebanada de 2 cm de ancho.
- Panecito blanco: 1 de los chicos.
- Pan integral: una rebanada de 3 cm de ancho.
- Galletas de sal o de soda: 4 de las más chicas.

3. Escoger uno (1) de los siguientes alimentos:

- Huevo hervido: 1 unidad.
- Queso proceso, blanco duro o amarillo, jamón, jamonada, perro caliente o
butifarra: 1 onza (o sea, 30 gramos).

4. Escoger uno (1) de los siguientes alimentos:

- Aceite, mayonesa o margarina: 1 cucharadita.

MEDIA MAÑANA

1. Una (1) taza de infusión de tilo, té, manzanilla, anís, etc. Puede ser endulzado con sacarina.

2. Escoger uno (1) de los siguientes alimentos: 4 galletas de sal o de soda o tres raciones de frutas; por ejemplo: 2 platanitos, 2 naranjas, 1 toronja, 1 mango pequeño, 1/3 taza de piña, etcétera).

ALMUERZO

1. HORTALIZAS O VEGETALES: Coma todo lo que desee, excepto remolacha,
aguacate y zanahoria. Pueden ser preparados con vinagre o limón.

2. Escoger cinco (5) de los siguientes alimentos de la lista de VIANDAS, ARROZ,
GRANOS Y HARINAS (cocinados).
- Malanga, boniato, plátano o yuca: 1/3 taza.
- Papa: 2/3 taza.
- Calabaza: 1 taza.
- Arroz, pastas alimenticias, harina de maíz o frijoles: 3 cucharadas o
1/3 taza.
- Pastas integrales: 2/3 taza.

3. Escoger uno (1) de los siguientes alimentos:
- Carne de res, ave o pescado: 2 onzas (o sea, 60 gramos).
- Mariscos: 3/4 taza.
- Huevos: 2 unidades.
- Queso: 2 onzas (o sea, 60 gramos).

4. Utilice una (1) cucharadita de grasa (aceite preferiblemente) para cocinar los

alimentos.

5. Escoger una (1) ración de frutas; por ejemplo: 1 platanito, 1 naranja, 1/2 toronja, etcétera.

MERIENDA

1. Escoger dos (2) raciones de frutas, por ejemplo: 2 platanitos, 2 naranjas, 1 toronja, etc. Si no tiene frutas sustitúyalas por 4 galletas de sal o soda, o 3 cm de pan de flauta.

2. Escoger una taza de las leches señaladas en el desayuno.

COMIDA

Igual al almuerzo.

ANTES DE ACOSTARSE

1. Escoger una taza de las leches señaladas en el desayuno (sin azúcar).

2. Escoger uno (1) de los siguientes alimentos:

• Pan de flauta: una rebanada de 2 cm de ancho.

• Pan integral: una rebanada de 3 cm de ancho.

• Galletas de sal o de soda: 4 de las más chicas.

3. Adicione una (1) cucharadita de grasa (aceite preferiblemente).

Esta dieta contiene aproximadamente 2 000 calorías:

Carbohidratos 288 g (58 %)

Proteínas 91 g (18 %)

Grasas 54 g (25 %)

Dieta de 2 200 kilocalorías

DESAYUNO

1. LECHE: Escoger una (1) de las siguientes: (puede usar café amargo y sacarina para endulzarlo)
- 1 taza de leche fresca descremada.
- 1 taza de agua con tres (3) cucharadas de leche en polvo.
- 1 taza de yogur.
- 1 taza de leche evaporada: (mitad de leche y mitad de agua).

2. Escoger uno (1) de los siguientes alimentos:
- Pan de flauta: una rebanada de 4 cm de ancho.
- Panecito blanco: 2 de los más chicos.
- Pan integral: (1) una rebanada de 6 cm de ancho.
- Galletas de sal o soda: 8 de las más chicas.

3. Escoger uno (1) de los siguientes alimentos:
- Huevo hervido: 1 unidad.
- Queso proceso, blanco duro o amarillo, jamón, jamonada, perro caliente o
butifarra: 1 onza (o sea 30 gramos).

4. Escoger uno (1) de los siguientes alimentos:
- Aceite, mayonesa o margarina: 1 cucharadita.

MEDIA MAÑANA

1. Una taza (1) de infusión de tilo, té, manzanilla, anís, etc. pueden ser endulzados con sacarina.

2. Escoger uno (1) de los siguientes alimentos: 4 galleticas de sal o de soda o dos raciones de frutas; por ejemplo: 1 toronja, 2 platanitos, 2 naranjas, 1 mango pequeño, 2/3 taza de piña, etcétera.

3. Escoger una taza de las leches señaladas en el desayuno.

ALMUERZO

1. HORTALIZAS O VEGETALES: Coma todo lo que desee, excepto remolacha, aguacate y zanahoria. Pueden ser preparados con vinagre y limón.

2. Escoger cinco (5) de los siguientes alimentos de la lista de VIANDAS, ARROZ, GRANOS Y HARINAS (cocinados).

• Malanga, plátano, boniato o yuca: 1/3 taza.

• Papa: 2/3 taza.

• Calabaza: 1 taza.

• Arroz, pastas alimenticias, harina de maíz o frijoles: 3 cucharadas o 1/3 taza.

• Pastas integrales: 2/3 taza.

3. Escoger uno (1) de los siguientes alimentos:

• Carne de res, ave o pescado: 2 onzas (o sea 60 gramos).

• Huevo: 2 piezas.

• Queso: 2 onzas (o sea 60 gramos).

• Mariscos: 1/2 taza.

4. Utilice una (1) cucharadita de grasa (aceite preferiblemente) para cocinar los alimentos.

5. Escoger una (1) ración de frutas; por ejemplo: 1 platanito, 1 naranja, 1/2 toronja, etcétera.

MERIENDA

Igual que a media mañana.

COMIDA

Igual que el almuerzo.

ANTES DE ACOSTARSE

1. Escoger una taza de las leches señaladas en el desayuno.

2. Escoger uno de los siguientes alimentos:
- Pan de flauta: una rebanada de 4 cm de ancho.
- Galletas de sal o de soda: 8 de las más chicas.
- Pan integral: una rebanada de 6 cm de ancho.

3. Adicione 1 cucharadita de grasa (aceite preferiblemente).

ADVERTENCIAS

I. Con las comidas o fuera de ellas, puede tomar o utilizar la cantidad que desee de té, manzanilla, anís, canela, tilo o limón, además caldo desgrasado, pimienta, laurel, etcétera.

II. Los alimentos deben ser medidos a ras utilizando una taza de medida o una
lata vacía de leche condensada (8 onzas), una cucharada sopera (15 cc), una

cucharadita de postre (5 cc). Todos los alimentos se miden después de cocinados.

III. No use azúcar para endulzar sus alimentos, use sacarina.

IV. SUPRIMA: Dulces, pasteles, chocolate, batidos, refrescos, alimentos fritos o rebozados, salsas con grasa, maltas y bebidas alcohólicas de todo tipo (excepto que se autorice) y todo alimento que no aparezca en estas listas.

V. Fije horario en sus comidas. Practique ejercicios. Duerma 8 horas diariamente. Mueva su vientre todos los días.

VI. Use la menor cantidad de sal posible.

VII. Esta dieta ha sido calculada para Ud. teniendo en cuenta su actividad, peso actual, peso ideal, talla, constitución, edad, sexo y características de su enfermedad.

VIII. Sus alimentos pueden ser preparados junto con los del resto de la familia, pero separe su ración antes de añadirle harinas, salsa, etcétera.

IX. Si Ud. usa insulina, cuando vaya a hacer una actividad mayor de la acostumbrada, coma parte de los alimentos de la comida siguiente y después no deje pasar muchas horas sin comer lo restante que le toca. Si tiene que manejar automóvil por mucho rato, tome o coma «algo» (ejemplo: 2 galleticas, un refresco, 2 caramelos, etcétera).

Esta dieta contiene aproximadamente: 2 200 calorías:

Carbohidratos 281 g (58 %)

Proteínas 90 g (18 %)

Grasas 54 g (24 %)

Dieta de 2 500 kilocalorías

DESAYUNO

1. LECHE: Escoger una (1) de las siguientes (puede usar café amargo y sacarina para endulzarlas):
- 1 taza de leche fresca descremada.
- 1 taza de agua con tres cucharadas de leche en polvo.
- 1 taza de yogur sin azúcar.
- 1 taza de leche evaporada preparada así: mitad de leche y mitad de agua.

2. Escoger uno (1) de los siguientes alimentos:
- Pan de flauta: 1 rebanada de 4 cm de ancho.
- Panecito blanco: 2 de los chicos.
- Pan integral: 1 rebanada de 6 cm de ancho.
- Galleticas de sal o de soda: 8 de las más chicas.

3. Escoger uno (1) de los siguientes alimentos:
- Huevo hervido: 1 unidad.
- Queso proceso, blanco duro o amarillo, jamón, jamonada, perro caliente o
butifarra: 1 onza (o sea 30 gramos).

4. Escoger uno (1) de los siguientes alimentos:
- Aceite, mayonesa o margarina: 2 cucharaditas.

MEDIA MAÑANA

LA DIBETES MELLITUS
Consideraciones para su prevención

1. Una (1) taza de infusión de tilo, té, manzanilla, anís, etc. (puede ser endulzado con sacarina.

2. Escoger uno (1) de los siguientes alimentos: 6 galletas de sal o soda o tres (3) raciones de frutas; por ejemplo: 3 platanitos, tres naranjas, 1 1/2 toronja, 1 1/2 mango pequeño, 1 taza de piña.

3. Escoger una (1) taza de las leches señaladas en el desayuno.

ALMUERZO

1. HORTALIZAS O VEGETALES: Coma todo lo que desee, excepto remolacha,
aguacate y zanahoria. Pueden ser preparados con vinagre o limón.

2. Escoger seis (6) de los siguientes alimentos de la lista de VIANDAS, ARROZ, GRANOS y HARINAS (cocinados).

• Malanga, boniato, plátano o yuca: 1/3 taza.

• Papa: 2/3 taza.

• Calabaza: 1 taza.

• Arroz, pastas alimenticias, harina de maíz o frijoles: 3 cucharadas o 1/3 taza.

• Pastas integrales: 2/3 taza.

3. Escoger uno (1) de los siguientes alimentos:

• Carne de res, ave o pescado: 3 onzas (o sea 90 gramos).

• Mariscos: 3/4 taza.

• Huevos: 2 unidades.

- Queso: 3 onzas (o sea 90 gramos).

4. Utilice una (1) cucharadita de grasa (aceite preferiblemente) para cocinar los alimentos.

5. Escoger una (1) ración de frutas, por ejemplo: 1 platanito, 1 naranja, 1/2 toronja, etcétera.

MERIENDA

1. Escoger dos (2) raciones de frutas; por ejemplo: 2 platanitos, 2 naranjas, 1 toronja, etcétera. Si no tiene frutas sustitúyalas por 4 galleticas de sal o de soda o 3 cm de pan de flauta.

2. Escoger una (1) taza de las leches señaladas en el desayuno.

COMIDA

1. HORTALIZAS O VEGETALES: Coma todo lo que desee, excepto remolacha, aguacate y zanahoria. Pueden ser preparados con vinagre o limón.

2. Escoger seis (6) de los siguientes alimentos de la lista de VIANDAS, ARROZ, GRANOS Y HARINAS (cocinados).

- Malanga, boniato, plátano o yuca: 1/3 taza.
- Papa: 2/3 taza.
- Calabaza: 1 taza.
- Arroz, pastas alimenticias, harina de maíz o frijoles: 3 cucharadas o 1/3 taza.

3. Escoger uno (1) de los siguientes alimentos:

- Carne de res, ave o pescado: 2 onzas (o sea 60 gramos).
- Mariscos: 1/2 taza.
- Huevos: 2 piezas.
- Queso: 2 onzas (o sea 60 gramos).

4. Utilice una (1) cucharadita de grasa (aceite preferiblemente) para cocinar los alimentos.

5. Escoger una (1) ración de frutas; por ejemplo: 1 platanito, 1 naranja, 1/2 toronja, etcétera.

ANTES DE ACOSTARSE

1. Escoger una (1) taza de las leches señaladas en el desayuno, sin azúcar.

2. Escoger uno (1) de los siguientes alimentos:
- Pan de flauta: una rebanada de 4 cm de ancho.
- Pan integral: una rebanada de 6 cm de ancho.
- Galletas de sal o de soda: 8 de las más chicas.

3. Adicione una (1) cucharadita de grasa (aceite preferiblemente).

Esta dieta contiene aproximadamente 2 500 calorías:

Carbohidratos 346 g (55 %)

Proteínas 111 g (17 %)

Grasas 78 g (28 %)

Dieta de 3 000 kilocalorías

DESAYUNO

1. LECHE: Escoger una (1) de las siguientes: (puede usar café amargo y sacarina para endulzarlas).
- 1 taza de leche fresca descremada.
- 1 taza de agua con tres cucharadas de leche en polvo.
- 1 taza de yogur.
- 1 taza de leche evaporada así: mitad de leche y mitad de agua.

2. Escoger uno (1) de los siguientes alimentos:
- Pan de flauta: dos rebanadas de 2 cm de ancho.
- Panecito blanco: 2 de los chicos.
- Galleticas de soda o de sal: 8 de las más chicas.
- Pan integral: 2 rebanadas de 3 cm de ancho.

3. Escoger uno (1) de los siguientes alimentos:
- Huevo hervido: 2 unidades.
- Queso proceso, blanco duro o amarillo, jamón, jamonada, perro caliente o
butifarra: 2 onzas (o sea 60 gramos).

4. Escoger uno (1) de los siguientes alimentos:
- Aceite, mayonesa o margarina: 2 cucharaditas.

MEDIA MAÑANA

1. Una taza de infusión de tilo, té, manzanilla, anís, etc. Puede ser endulzado con sacarina.

2. Escoger uno (1) de los siguientes alimentos: 8 galleticas de sal o de soda o
4 raciones de frutas; por ejemplo: 2 toronjas, 4 naranjas, 4 platanitos, 2 mangos

pequeños, 1 taza de piña, etcétera.

3. Escoger una taza de las leches señaladas en el desayuno.

ALMUERZO

1. HORTALIZAS O VEGETALES: Coma todo lo que desee, excepto remolacha, aguacate y zanahoria. Pueden ser preparados con vinagre o limón.

2. Escoger siete (7) de los siguientes alimentos de la lista de VIANDAS, ARROZ, GRANOS Y HARINAS (cocinados).

• Malanga, boniato, plátano o yuca: 1/3 taza.

• Papas: 2/3 taza.

• Calabaza: 1 taza.

• Arroz, pastas alimenticias, harina de maíz o frijoles: 3 cucharadas o 1/3 taza.

• Pastas integrales: 2/3 taza.

3. Escoger uno (1) de los siguientes alimentos:

• Carne de res, ave o pescado: 3 onzas (o sea 90 gramos).

• Mariscos: 3/4 taza.

• Huevos: 2 piezas.

• Queso: 3 onzas (o sea 90 gramos).

4. Utilice dos (2) cucharaditas de grasa (aceite preferiblemente) para cocinar los alimentos.

5. Escoger una (1) ración de frutas; por ejemplo: 1 platanito, 1 naranja, 1/2 toronja, etcétera.

MERIENDA

Igual que a media mañana.

COMIDA

Igual que el almuerzo.

ANTES DE ACOSTARSE

1. Escoger una taza de las leches señaladas en el desayuno.
2. Escoger uno de los siguientes alimentos:
• Pan de flauta: una rebanada de 4 cm de ancho.
• Galletas de sal o de soda: 8 unidades.
• Pan integral: una rebanada de 6 cm de ancho.
3. Adicione 2 cucharaditas de grasa (aceite preferiblemente).

El mínimo de calorías a ingerir es de 1200, las dietas inferiores se realizarán mediante supervisión facultativa.

Con relación a la ingestión de bebidas alcohólicas, estas desde el punto de vista nutricional son fuentes de calorías, pues proporciona 7 cal/g pero no son nutritivas.

Se señala que una onza de alcohol diaria puede mejorar la circulación sanguínea pero puede favorecer su adicción, perdiéndose entonces ese efecto beneficioso, por lo que no es aconsejable su consumo, además aumenta el efecto de algunos medicamentos (sulfonilureas) que bajan el azúcar y puede producir hipoglucemia así como déficit de vitaminas del complejo B.

El tratamiento dietético persigue lograr y mantener un peso adecuado (deseable), prevenir la hiperglucemia y reducir el riesgo de aterosclerosis u otras complicaciones, para lo cual se impone escoger sabiamente los alimentos.

De hecho, no es difícil diseñar un plan de comidas de buen sabor, que sea apetecible y favorable a la condición de ser una persona con diabetes; en otras palabras: puede elaborarse una dieta sana y equilibrada, que sea a la vez nutritiva y deliciosa; pero sin olvidar que un defecto en el aporte calórico es preferible a un exceso, especialmente cuando existe obesidad.

1

2

1 Fuente: Conferencia sobre Conceptualización de los Centros de Atención al Diabético de Cuba impartida por el Dr. Oscar Díaz Díaz en la II Jornada Provincial sobre Diabetes Mellitus ¨Diabesan 2009¨

2 Fuente: Conferencia sobre Consideraciones prácticas en el manejo de la Diabetes tipo2 impartida por el Dr. Arturo Hernández Yero en la II Jornada Provincial sobre Diabetes Mellitus ¨Diabesan 2009¨

♦ Ejercicio físico

Se pueden distinguir dos tipos de ejercicios:

1. Aquellos de resistencia o estáticos que consisten en realizar un trabajo muscular intenso, durante períodos cortos, repitiéndose muchas veces que, como se hacen con la respiración bloqueada, se conocen con el nombre de ejercicios físicos anaeróbicos.
2. Los que utilizan amplios grupos musculares, durante períodos largos que, como se hacen con respiración libre, tomando oxígeno se llaman aeróbicos.

Beneficios del ejercicio físico en el diabético:

• Mejoría de la sensibilidad a la insulina.

• Aumento de la utilización de glucosa por el músculo, esto contribuye a evitar la hiperglucemia.

• Reducción de las necesidades diarias de insulina o de las dosis de hipoglicemiantes o normoglicemiantes orales.

• Mejoría en los estados de hipercoagulabilidad de la sangre.

• Aumento del gasto energético y de la pérdida de grasa, que contribuye a controlar el peso corporal y evita la obesidad.

• Mejoría en general de la presión arterial y función cardiaca.

- Contribución a mejorar los niveles de las lipoproteínas de alta densidad (HDL- colesterol) y a disminuir los niveles de colesterol total y de los triglicéridos.

- Reducción de la incidencia de algunos tipos de cáncer.

- Disminución de la osteoporosis.

- Preservación del contenido corporal de la masa magra, aumento de la masa muscular y de la capacidad para el trabajo.

- Aumento de la elasticidad corporal.

- Contribución a mejorar la imagen corporal.

- Mejoría de la sensación de bienestar y la calidad de vida.

- Evita la ansiedad, la depresión y el estrés.

- Reducción a largo plazo del riesgo de complicaciones.

Orientaciones generales para la práctica de ejercicios en el diabético

Antes de aumentar los patrones usuales de actividad física o desarrollar un programa de ejercicios, el individuo con Diabetes Mellitus debe someterse a una evaluación médica detallada y a los estudios diagnósticos apropiados. Este examen clínico debe dirigirse a identificar la presencia de complicaciones macrovasculares y microvasculares, porque en dependencia de la severidad de estas, pueden empeorarse.

Es importante que todo diabético incluido en un programa de ejercicios preste atención en mantener una hidratación adecuada. Los estados de deshidratación pueden afectar de manera negativa los niveles de la glucemia y función del corazón. Se recomienda antes de iniciar la actividad física la ingestión de líquidos (17 onzas de fluido consumidas 2 h antes de iniciar la actividad física). Durante la actividad física, los líquidos deben ser administrados temprano y de modo frecuente, en una cantidad suficiente para compensar las pérdidas a través del sudor, lo que se refleja en la reducción del peso corporal. Estas medidas resultan de mayor relevancia si los ejercicios se realizan en ambientes extremadamente calientes.

Las personas deben monitorear estrechamente el cuidado de los pies, para evitar el desarrollo de ampollas o cualquier otro daño potencial. Los pies deben ser revisados de manera sistemática antes y después de la actividad física, cuestión esta de vital importancia.

Una recomendación estándar para las personas con DM, al igual que para los no diabéticos, es que el programa de ejercicios incluya un período adecuado de calentamiento y enfriamiento. El calentamiento consiste en la realización de 5 a 10 minutos de actividad aerobia (caminar, pedalear, entre otros), con una intensidad baja. La sesión de calentamiento está dirigida a preparar de manera adecuada los músculos, el corazón y los pulmones, para el aumento progresivo de la intensidad del ejercicio. A continuación, los músculos deben estirarse suavemente durante otros 5 a 10 min. El estiramiento muscular se concentrará en el grupo de músculos que van a ser utilizados en la sesión activa de ejercicios. Sin embargo, vale aclarar que lo óptimo es calentar todos los grupos musculares. El calentamiento activo puede llevarse a cabo antes o después del estiramiento. Luego de la sesión activa, el enfriamiento debe estructurarse de manera similar al calentamiento. El enfriamiento debe durar al menos de 5 a 10 min, e ir reduciendo la frecuencia cardiaca de modo gradual hasta los niveles del inicio del ejercicio.

Fuente: Conferencia sobre Conceptualización de los Centros de Atención al Diabético de Cuba impartida por el Dr. Oscar Díaz Díaz en la II Jornada Provincial sobre Diabetes Mellitus "Diabesan 2009"

Un programa de ejercicio para las personas con DM tipo 2 debe aspirar a obtener las metas siguientes:

• A corto plazo: cambiar el hábito sedentario, mediante caminatas diarias.

- A mediano plazo: la frecuencia mínima deberá ser tres veces por semana en días alternos, con una duración mínima de 30 min cada vez.

- A largo plazo, aumento en frecuencia e intensidad, conserva las etapas de calentamiento, mantenimiento y enfriamiento. Se recomienda el ejercicio aerobio (caminar, trotar, nadar, ciclismo, entre otros).

Es importante tener presente algunos lineamientos generales:

- ❖ Evitar realizar ejercicios, si la glucemia en ayunas es > 250 mg/dL (13,8 mmol/L) para ello debe monitorearse la glucemia antes y después de la realización del mismo.
- ❖ Ingerir carbohidratos antes del ejercicio si la glucemia es < 100 mg/dL (5,5 mmol/L) por lo que debe disponer de alimentos (carbohidratos) durante y al finalizar el ejercicio.
- ❖ Ciertos tipos de ejercicio están contraindicados en algunas enfermedades, como la hipertensión arterial no controlada, la neuropatía autonómica y periférica severa y la retinopatía diabética.

⁂ Medicamentos

Existen varios tipos de medicamentos para el tratamiento de la Diabetes Mellitus. En las personas que padecen el tipo 1, como tienen déficit de insulina, necesitan emplear esta hormona de por vida, con el objetivo de lograr el control metabólico, por tanto hay que administrársela, sin embargo, en la tipo 2 se pueden utilizar varias opciones de tratamiento según las características de cada paciente.

Hipoglucemiantes orales

Se utilizan en la Diabetes mellitus tipo 2, pues esta es una forma compleja de la enfermedad donde algunos pacientes no producen cantidades suficientes de insulina para poder controlar los niveles de glucemia, en otros, habitualmente obesos, la producción de insulina por el páncreas puede ser elevada, en estas personas esta hormona no se encuentra en las células para permitir la entrada de la glucosa a su interior. Por eso es que el paciente tiene varias opciones terapéuticas: a veces, con dieta adecuada y ejercicios, el paciente pierde unos kilogramos de peso y se logra que la insulina actúe, desapareciendo la hiperglucemia pero otras veces se requiere de estos medicamentos llamados hipoglucemiantes o normoglucemiantes. Entre ellos tenemos:

1. Derivados de las sulfonilureas. Este es el grupo más conocido y utilizado, tienen como mecanismo

de acción estimular la secreción de insulina por las céluas B del páncreas e inhibir la producción de glucosa por el hígado. Entre estos medicamentos se encuentran: el Diabetón, la Glibenclamida, la Glimepirida (más conocidos en Cuba), la Glipizida y el Diamicrón. Estos medicamentos se toman ½ hora antes de las comidas.

2. Derivados de las biguanidas: Están indicados en el Diabético tipo 2 obeso, pues su mecanismo de acción es retardar la absorción intestinal de la glucosa, disminuyen la producción hepática de glucosa y aumentan la entrada de glucosa al músculo. No estimulan la producción de insulina pero necesitan de esta para ejercer su acción. Producen anorexia y hacen bajar de peso. Entre ellos tenemos: La Metformina y la Butformina. Se deben ingerir después del almuerzo y comida.

3. Inhibidores de las alfaglucosidasas (Acarbosa y el Miglitol). Estos medicamentos se ingieren en el primer bocado de alimentos. Ellos inhiben la enzima intestinal alfaglucosidasa que es la encargada de degradar los azúcares de la dieta en glucosa; impidiendo de esta manera su absorción y por tanto las elevaciones de la glucosa que ocurren después de la ingestión de alimentos.

4. Metiginidas: Son medicamentos que estimulan la secreción de insulina. Entre estos están la Repaglinida y la Nateglinida. Se ingieren inmediatamente antes de las comidas. Su período de acción es breve por lo que se sugiere que sean asociados con otros medicamentos hipoglucemiantes.
5. Derivados de las tiazolidinedionas (Rosiglitazona y la Pioglitazona). Estos medicamentos mejoran la sensibilidad a la insulina

Medicamentos orales para el tratamiento de la DM2

Tipo	Genérico	Comercial	Presentación	Dosis máxima
Sulfonilureas	Acetoexamida Clorpropamida Tolbutamida Glibenclamida Gliburida	Dymelor Diabinese Rastinon Euglucón Diabeta Glucotrol Diamicron	250 mg 250 mg 500 mg 2,5-5 mg 2,5-5 mg 5 mg 80 mg 2-4 mg	1 500 mg 750 mg 3 000 mg 20 mg 20 mg 40 mg

	Glipizida Glicazida Glimepirida	Amaryl		320 mg 8 mg
Biguanidas	Metformina	Glucophage	500-700-850-1000 mg	3 000 mg
Inhibidores de las alfa glucocidasas	Acarbosa Miglitol	Glucobay Diastabol	50-100 mg 50- 100 mg	300 mg 45 mg
Tiazolidinedionas	Pioglitazona	Actos	30 mg	16 mg
Metiglinidas	Repaglinida Nateglinida	Prandin, Novonorm Starlix	0,5-1-2 mg 60-120 - 180 mg	16 mg 540 mg

Los medicamentos hipoglucemiantes actúan en los siguientes sitios:

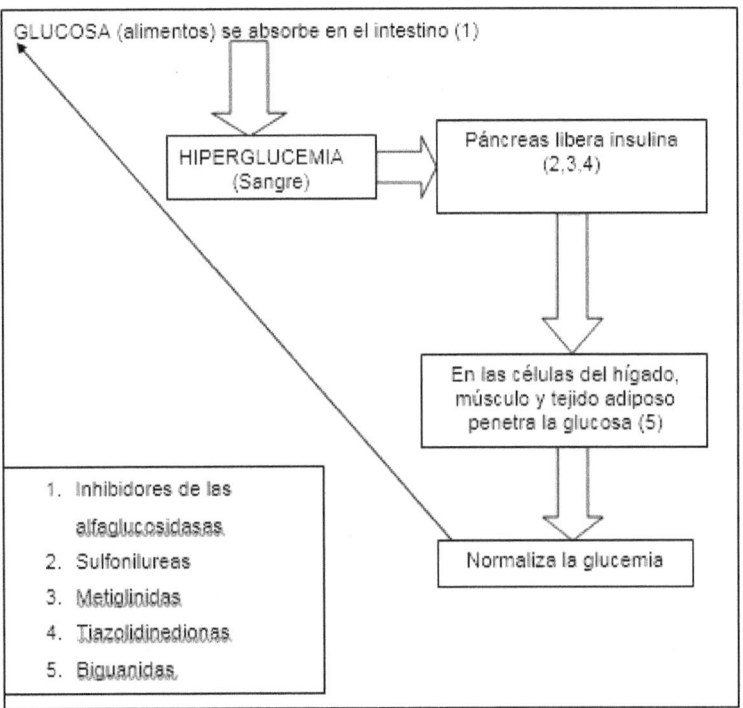

Gráfico 6: Acción de los medicamentos hipoglucemianes
Fuente: Navarro Despaigne D. Diabetes Mellitus, menopausia y osteoporosis. La Habana: editorial Científico Técnica; 2007: 43

Algunos medicamentos usados en el tratamiento de la Diabetes Mellitus tipo 2

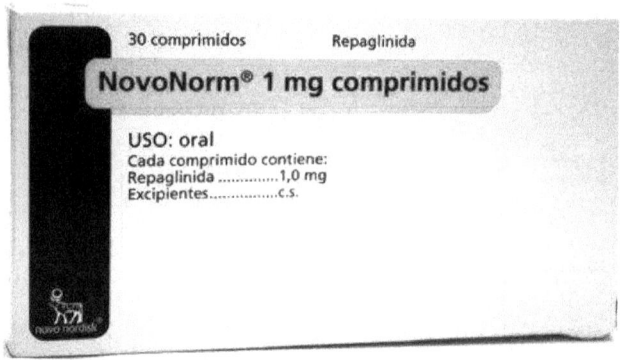

LA DIBETES MELLITUS
Consideraciones para su prevención

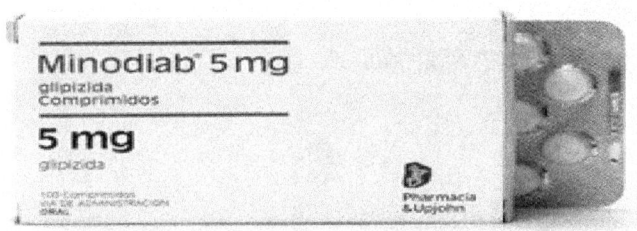

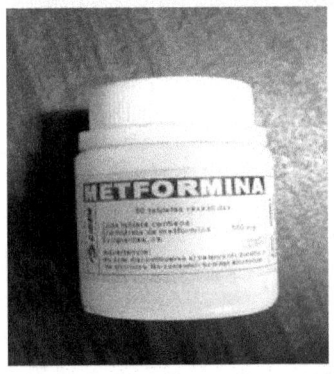

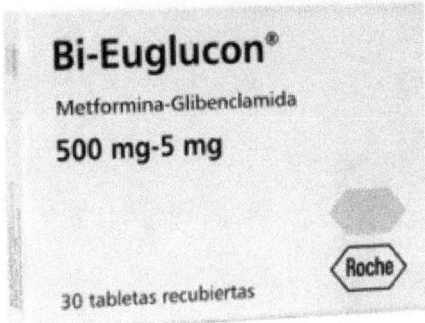

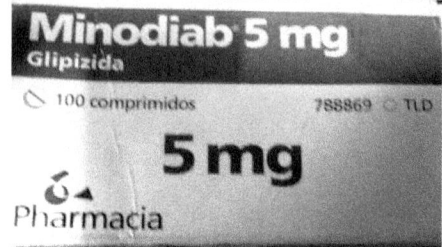
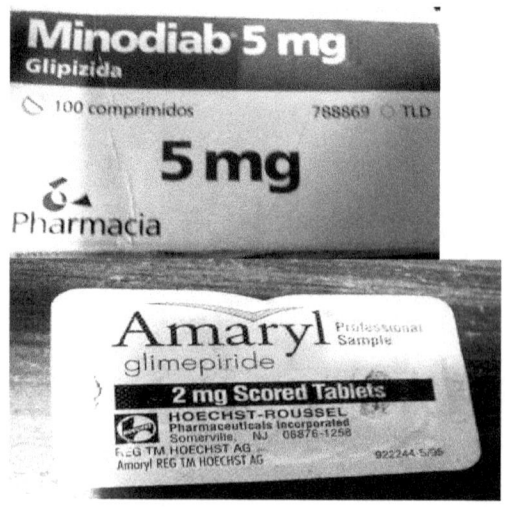

LA DIBETES MELLITUS
Consideraciones para su prevención

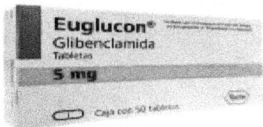

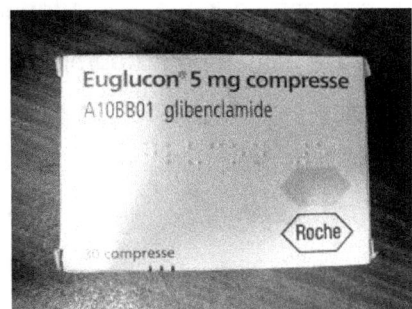

Insulina

Es una hormona producida por las células beta del páncreas pero hoy día mediante técnicas de ingeniería genética, se produce la insulina humana en laboratorios especializados, con fines terapéuticos, la cual tiene una composición química similar a la insulina producida por los humanos.

Según el tiempo que dura su efecto, la insulina se clasifica en: de acción rápida, intermedia y lenta.

La de acción rápida es incolora como agua. Se puede usar por vía subcutánea, intramuscular o endovenosa. Los frascos donde se almacena están marcados con la letra R. Su efecto hipoglucemiante, cuando se administra por vía subcutánea se inicia a los 30 minutos. Su efecto máximo ocurre a las 2 horas y el efecto total es de 6 horas, la de acción intermedia tiene aspecto lechoso, en la etiqueta del frasco que la contiene presenta las letras N o L. Se administra únicamente por vía subcutánea. Su acción se inicia 3 o 4 horas después de su administración. El máximo efecto ocurre entre 8 y 12 horas y su efecto total 18 a 20 horas y la de acción prolongada, también de aspecto lechoso, comienza su efecto entre 4 y 6 horas después de administrada. Su máxima acción es entre 12 y 16 horas y el efecto total entre 24 y 36 horas.

Las insulinas se pueden mezclar, habitualmente se une insulina regular con insulina de acción intermedia.

Cuando compre la insulina en la farmacia, verifique que el tipo que le ofrezcan sea el mismo indicado por el médico, revise la fecha de vencimiento, y si el líquido interior es transparente o lechoso, el bulbo no debe estar congelado.

La cantidad de insulina a administrar (dosis) se expresa en unidades. Desde hace varios años, se readoptó como criterio general, que todas las insulinas tengan siempre la misma potencia o concentración (100 unidades por mililitro). Para poder medir esta dosis se emplean jeringuillas especiales graduadas, de manera que en un mililitro (medida habitual de estas jeringuillas) exista la misma distribución y concentración de insulina. Nunca utilice jeringuillas que no correspondan con la concentración de insulina.

Los frascos que contienen la insulina deben guardarse en un lugar fresco, y si la temperatura es muy alta, en el refrigerador sin congelar.

¿Qué materiales usted necesita para inyectarse la insulina?
1) Bulbo de insulina
2) Jeringuilla graduada, según la concentración de insulina
3) Aguja 27 de 11 mm o 14 mm
4) Agodón
5) Alcohol

¿Cómo se administra?
1) Lávese las manos con agua y jabón
2) Extraiga el bulbo del refrigerador como mínimo 30 minutos antes.

3) Limpie el tapón de coma del vial o bulbo con un algodón humedecido con alcohol, coloque la aguja en la jeringuilla sin tocarla, luego si la insulina tiene aspecto lechoso, agite el vial.
4) Tome la jeringuilla, no le quite el protector de la aguja y aspire la misma cantidad de aire, en la jeringuilla, que la dosis de insulina que administrará, luego inyecte el aire al vial.
5) Quite el protector de la aguja, cuidando de no tocarla, inyecte el el bulbo la cantidad de aire, previamente cargada y extraiga la cantidad de insulina deseada de vial, invirtiendo el bulbo sin retirar la aguja.
6) Retire el bulbo y ponga el protector de la aguja.
7) Seleccione la zona para la inyección y límpiela con algodón humedecido en alcohol
8) Quite el protector de la aguja, tome la jeringuilla como si fuera un lápiz y con la otra mano, levante un pliegue de la piel en la zona donde se inyectará la insulina, introduzca la aguja casi perpendicular (si usa la corta de 11 mm) o en un ángulo de 45 grados (si usa la de 14 mm), empuje el émbolo, lentamente y deposite la insulina Al terminar, presione con el dedo el lugar de la aplicación y retire la aguja.
9) Guarde la jeringuilla, el algodón, el alcohol y el bulbo de insulina.

¿Cuáles son los sitios para inyectar la insulina?

1) Brazos (cara lateral)
2) Abdomen (alrededor del ombligo)
3) Muslos (cara anterior)
4) Glúteos

Para inyectar la insulina debe seleccionar zonas no dolorosas, sin fibrosis ni cicatrices, cada zona admite múltiples inyecciones y entre cada punto debe existir entre 2 y 4 cm.

Cuando se inyecta en el abdomen, la absorción de la insulina es mayor (el efecto de la insulina es más rápido) que cuando se hace en el muslo o en el brazo. También aumenta la absorción de la insulina cuando se inyecta en el muslo y se hace ejercicios, cuando hace mucho calor y cuando se dan masajes en el sitio de la inyección. El frío disminuye su absorción.

Si va a mezclar insulinas, cargue primero la insulina regular y luego la de acción intermedia. Use 2 agujas, una para cargar el aire en el bulbo de insulina lenta y otra para cargar con insulina regular, luego cargue la insulina lenta.

Usted debe administrarse la insulina indicada por el médico, aunque puede modificarla en dependencia de los resultados de su glucemia.

Si utiliza insulina lenta debe administrársela 40 a 60 minutos antes del desayuno y a las 10:00 PM, si usa regular, 30 minutos antes de cada comida.

Fuente: Conferencia sobre diagnóstico y tratamiento de la Diabetes tipo 1 impartida por el Dr. José Zaldívar Ochoa en la II Jornada Provincial sobre Diabetes Mellitus ¨Diabesan 2009

Frecuencias de evaluación de las personas con Diabetes por el Equipo Básico de Salud y el resto de las especialidades.

Las frecuencias mínimas de evaluación se harán de la forma siguiente: dos consultas y un terreno en el año, según lo establece el Programa del Médico y Enfermera de la Familia para todo paciente enfermo. Además serán evaluados en las consultas de Atención Integral a las personas con Diabetes una vez al año y en los casos de pacientes con complicaciones crónicas cada 3 o 4 meses.

De igual forma el examen estomatológico debe realizarse cada seis meses, el podológico cada tres meses y el oftalmológico anual o cuando el paciente lo necesite

La evaluación del control metabólico es muy importante durante la asistencia a las personas con Diabetes Mellitus, sus metas con las siguientes:

Metas del control glucémico	Niveles de glucosa en sangre capilar en ayunas		Niveles de glucosa en sangre capilar posprandial; 2 horas	
	Adulto	Adulto mayor	Adulto	Adulto mayor
Deseadas	3,5-5,6	6,1-8,8	3,5-7,8	6-7,8
Aceptables	5,7-6,9	8,8-10	7,9-9,9	7,9-10
No deseadas	Mayor de 7	Mayor de 10	Mayor de 9,9	Mayor de 10

Automonitoreo

Este incluye el monitoreo de la glucosa en sangre y en orina por el propio paciente.

El monitoreo de la glucosa en sangre o glucometría se realiza con un equipo llamado glucómetro.

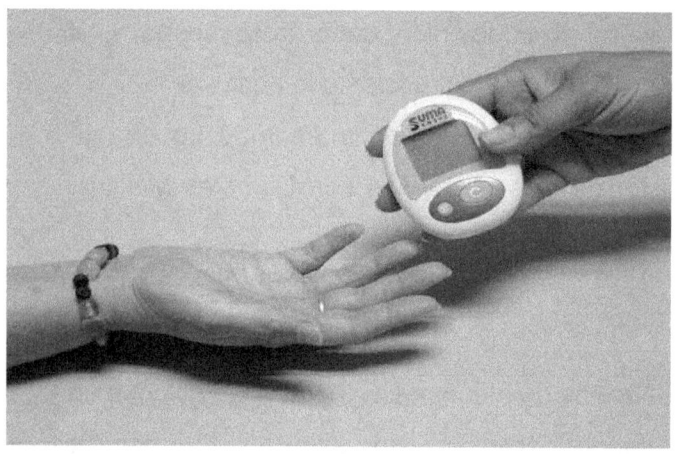

Fuente: Folleto de indicaciones para el uso del glucómetro. Comisión Técnica Asesora de Diabetes. MINSAP: 5

Las instrucciones básicas para el manejo del glucómetro (SUMA SENSOR SXT) deben ser consultadas en el manual de usuario del equipo.

El monitoreo de la glucosa en orina se realiza o con tiras reactivas o con el reactivo de Benedict (más utilizado en nuestro medio). Aunque este no es tan exacto como la glucometría pero sigue siendo útil. Se realiza antes de las principales comidas y a las 9:00 PM. El paciente debe orinar para vaciar su vejiga 20 a 30 minutos antes de realizar la prueba e ingerir un vaso de agua. Luego se recoge la muestra de orina y se pone una vasija con agua en una fuente de calor. Se colocan 5 ml del reactivo de Benedict en un tubo de ensayo y se añaden 8 gotas de orina pero se puede utilizar 25 gotas del reactivo y 2 gotas de orina para ahorrar el reactivo. El tubo de ensayo con la mezcla se coloca en baño de maría durante 5 minutos y luego se agita y se observa si se ha producido cambios en el color azul original. La interpretación del resultado es como sigue:

- ✓ Color azul -------Negativo
- ✓ Verde-------------Glucosuria mínima
- ✓ Amarillo----------Positiva + +
- ✓ Naranja----------Positiva + + +
- ✓ Rojo ladrillo-----Positiva + + + +

Prevención de la diabetes mellitus

Existen 3 tipos de prevención: la primaria que son las acciones dirigidas a la población general para evitar que aparezca el riesgo de Diabetes (promoción de salud) y las dirigidas a las personas con riesgo, las que evitarían que apareciera la enfermedad, la secundaria cuyas acciones evitarían la progresión de la afección y la terciaria dirigidas a evitar o tratar las secuelas.

Prevención primaria

Medidas dirigidas a la población general:

LA DIBETES MELLITUS
Consideraciones para su prevención

1. Mantener el peso ideal para la talla
2. Práctica de ejercicios físicos sistemáticos
3. Dieta adecuada baja de sal, de azúcares refinados, rica en fibra, vegetales, frutas y vitaminas y pobre en grasas.

Medidas dirigidas a la población con riesgo:

1. Medidas dirigidas a la población general (igual)
2. Corrección de la obesidad
3. Evitar el uso de sustancias diabetógenas como los los siguientes medicamentos: Prednisona, Hidroclorotiazida, Clortalidaona, Furosemida, Imipramina, Amitriptilina, Atenolol. Propranolol, Convulsín, Acido nicotínico, entre otros.

Prevención secundaria:

1. Realizar pesquisa una vez al año a las personas con riesgo de Diabetes (análisis de sangre para hacer el diagnóstico precoz).
2. Realizar tratamiento adecuado
3. Prevenir las complicaciones agudas y crónicas.
4. Control metabólico óptimo de la enfermedad.

Prevención terciaria:

1. Identificar tempranamente las complicaciones
2. Realizar tratamiento adecuado de estas para evitar la progresión de las mismas.
3. Evitar y/o hacer tratamiento de las discapacidades que estas provocan.

Diabetes y embarazo

La Diabetes Gestacional es una alteración de la tolerancia a la glucosa de severidad variable, que comienza o es reconocida por primera vez durante el embarazo en curso.

Esta definición es válida independientemente del tratamiento que requiera, o si se trata de una diabetes previa al embarazo que no fue diagnosticada o si la alteración del metabolismo de las hidratos de carbono persiste al concluir la gestación.

El embarazo normal es un estado diabetógeno, caracterizado por un aumento progresivo de resistencia periférica a la insulina a partir de la segunda mitad de la gestación y especialmente manifiesto en el tercer trimestre, debido a la acción de hormonas placentarias (estrógenos, progesterona, LPH y prolactina) y a un aumento en la adiposidad materna.

Normalmente las células ß del páncreas aumentan su secreción de insulina, para compensar esta insulinorresistencia del embarazo, manteniendo así valores normales de glucemia.

La Diabetes Gestacional resulta de un inadecuado aporte de insulina para alcanzar la demanda de los tejidos. Esto es causado por un gran déficit de la función de las células ß del páncreas durante el embarazo.

De acuerdo a recientes estudios, esta alteración puede preceder al embarazo y persistir a posteriori del mismo.

Siguiendo este criterio, cuando se realiza el diagnóstico de la Diabetes Gestacional, se incluye a mujeres con intolerancia a los hidratos de carbono preexistente no conocida.

Diagnóstico

Durante el embarazo la gestante debe hacerse varios complementarios, entre ellos la glucemia. Si el resultado de esta es de 5,6 mmol/l o más en cualquier momento del embarazo se debe repetir la misma. Si su resultado es como la primera glucemia se hace el diagnóstico de *Diabetes gestacional*

De igual forma si al realizarse una Prueba de tolerancia a la glucosa (PTG) y esta resultara en la segunda hora mayor o igual que 7,8 mmol/l estamos en presencia de una *Diabetes Gestacional*.

Factores que predisponen a padecerla o factores de riesgo (FR)

- Ant. de Diabetes Mellitus en familiares de primer grado
- Edad mayor de 30 años
- Sobrepeso u obesidad
- Diabetes Mellitus Gestacional en embarazos anteriores
- Mortalidad perinatal inexplicable
- Macrosomía fetal (hijo con peso al nacer mayor de 9 libras)
- Malformaciones congénitas
- Glucosuria en la 1ra hora de la mañana
- Glucemia por encima de 4,4 mmol/l

Detección de la Diabetes Mellitus Gestacional (DMG)

- Sino existen FR (40%) se le debe indicar a la gestante glucemia en la captación, en el 2do y 3er trimestre.
- Si existen FR (60%) hacer glucemia a la captación, en el 2do trimestre y PTG entre las 28 y 32 semanas
- Hacer PTG siempre que la glucemia sea mayor que 4,4 mmol/l.

Tratamiento

- Educación
- Dieta
- Actividad física
- Apoyo psicológico
- Insulinoterapia

Educación

Todas las embarazadas en las que se hace el diagnóstico de DMG se remiten al Centro de Atención al Diabético para la educación terapéutica ya descrita.

Dieta

El Plan Alimentario debe promover la ganancia de peso adecuada, tener un control de los hidratos de carbono, la normoglucemia y garantizar el aporte adecuado de nutrientes al feto para su normal desarrollo y crecimiento.

Hidratos de Carbono: Se recomienda un porcentaje menor al 40%, empleando alimentos con bajo índice glucémico, para disminuir el aumento de la glucemia después de las comidas. La cantidad de hidratos de carbono y su distribución a lo largo del día pueden determinarse teniendo en cuenta las glucemias y la ganancia de peso.

Proteínas: Debe calcularse 1.1g/kg de peso teórico, y la mitad de alto valor biológico. (carne, pescado, huevo, lácteos)

Grasas: Se cubrirán entre 30 -35% del valor calórico total Tener en cuenta un buen aporte de ácidos grasos esenciales, fundamentales para el desarrollo del Sistema Nervioso y la retina del bebé.

Se calcula teniendo en cuenta el estado nutricional de la paciente es decir si es bajo peso, normopeso, sobrepeso u obesa y la actividad física.

No se recomienda la ingestión de una dieta de menos de 1 800 Kcal para evitar la restricción del crecimiento fetal.

Actividad física

-Debe planificarse de acuerdo a las necesidades de la paciente.

- Se indicara realizar ejercicios aeróbicos, de 20- 30 minutos de duración, diario con un mínimo de tres veces por semana, preferentemente en horario matutino, considerando el pico hormonal placentario o en horario postprandial que resulta útil para el control glucémico.

-Crea una sensación de bienestar.

-Colabora con el organismo en la utilización de los alimentos.

-Disminuye el requerimiento de insulina.

Apoyo psicológico

• Trabajar sobre el impacto subjetivo del diagnóstico

• Amortiguar sus efectos

• Concientizar a la paciente sobre su enfermedad en relación al embarazo

• Favorecer el cumplimiento del tratamiento

• Valorizar aspectos saludables del embarazo

• Fomentar el acompañamiento familiar

Se deben minimizar las situaciones de angustia frente al diagnóstico y tratamiento; a los cambios de vida que este diagnóstico implica y la angustia frente a la idea de "un embarazo de alto riesgo", a lo que se suma que el embarazo como tal constituye un factor de stress.

Insulinoterapia

Se indica tratamiento con insulina a aquellas pacientes que no se controlen con dieta y ejercicios.

Las embarazadas con esta afección son ingresadas al momento del diagnóstico, entre las 24 y 26 semanas y entre las 34 y 36 semanas para realizarle entre otros exámenes un perfil glucémico en ayunas, 2 horas después de desayuno, almuerzo y comida y antes de acostarse. En dependencia de los resultados del mismo se le orienta la dieta exclusiva, se le indica insulina o si usa esta y necesita incrementarse la dosis.

La sexualidad en la persona con diabetes

La sexualidad es inherente a todos los humanos. Se da en un cuerpo sexuado (sexo biológico), se construye y expresa de manera particular, bajo la influencia de factores sociales (económicos, género), psicológicos (valores, actitudes, sentimientos y necesidades). Tiene un significado específico para cada ser humano, y cada persona tiene la facultad de decidir cómo vive y expresa su sexualidad.

La vivencia de la sexualidad en las personas que viven con diabetes mellitus es un tema que reviste especial atención, ya que existen incontables mitos y falacias sobre la enfermedad y su relación con la esfera de la sexualidad, es indiscutible que no se puede tener un buen desempeño en las relaciones de pareja por algunas de las complicaciones crónicas mas frecuentes propias de la diabetes como son las alteraciones en los nervios del aparato genitourinario o las lesiones de los vasos sanguíneos, pero también coexisten factores psicológicos y socioculturales que pueden ocasionar en algunos casos, limitaciones y desempeños inadecuados. Los propios trastornos orgánicos pueden empeorarse por temores y escasos conocimientos sobre la sexualidad. Lamentablemente, desde la mirada biomédica, pareciera que solo se da importancia a las alteraciones que por causa de la diabetes padece el género masculino, soslayando casi definitivamente la problemática que presenta el género femenino ante la enfermedad. En los hombres, existe la «preocupación» por garantizar una adecuada actividad sexual, mientras que, en la mujer, lo importante es lograr una maternidad sin complicaciones y un feto sano.

Los cambios genitales (erección del pene y del clítoris) y extragenitales, que en hombres y mujeres ocurren en respuesta a un estimulo erótico a nivel biológico, dependen de una adecuada integración neuroendocrina y vascular.

Sexualidad en el hombre con Diabetes Mellitus

Se refieren con frecuencia situaciones de disfunción eréctil (incompetencia eréctil) o disminución de la libido (deseo sexual), el temor a no lograr una erección adecuada y un coito satisfactorio provoca una cuadro severo de ansiedad que puede derivar en una disfunción de origen psicólogico y que ocurre posiblemente con más frecuencia que la real disfunción de causa orgánica de origen neuropático o por insuficiencia arterial. En la medida que aumenta la edad en el hombre con diabetes, es también mayor la posibilidad de que la disfunción sexual sea de causa orgánica. Otra de las situaciones que puede enfrentar un paciente con diabetes mellitus de largo tiempo de evolución es la eyaculación retrógrada por un origen neuropático, que aunque no acompaña a la disfunción eréctil puede representar una importante causa de infertilidad.

También se debe tener presente que enfermos con diabetes tipo 1 o tipo 2 de larga evolución pueden padecer complicaciones como la hipertensión arterial o la cardiopatía coronaria isquémica y el empleo de medicamentos hipotensores, diuréticos, bloqueadores beta, entre otros, pueden aumentar la disfunción eréctil, aunque también puede mejorar y aliviar síntomas del paciente como la angina y en ese sentido mejorar el estado anímico del paciente, así como su deseo y desempeño sexual.

En los últimos años se han desarrollado diversos fármacos de administración oral como el Sildenafil el cual produce la relajación de las fibras musculares y las arterias que llevan la sangre al pene. El resultado es un aumento en la entrada de la sangre, lo que mejora y mantiene la erección. El inicio del efecto oscila, dependiendo del fármaco, entre los 20 y 60 minutos. Estos fármacos están contraindicados especialmente en pacientes cardíacos que toman tratamiento con nitritos o nitratos.

Sexualidad en la mujer con Diabetes Mellitus

Los trastornos relacionados con la sexualidad en mujeres con diabetes tipo 2, corresponden a una mayor frecuencia de pérdida o disminución del deseo sexual, pérdida de la lubricación vaginal, dolor durante el coito y anorgasmia (no tienen orgasmo). La propia pérdida de la lubricación vaginal y la pérdida de la elasticidad en los tejidos vaginales se relacionan con los cambios menopáusicos y quizás estos cambios sean los que justifiquen el dolor a la penetración que se señalan en las pacientes.

La falta de lubricación vaginal o una lubricación insuficiente ocurre con frecuencia en la perimenopausia y se ha observado con relativa frecuencia en las mujeres con diabetes tipo 2. Sin una lubricación adecuada que acompañe a la fase de excitación y que facilite una mayor distensión vaginal no se alcanza una relación sexual satisfactoria, ya que el coito puede ser irritante y doloroso tanto para la mujer como para el hombre.

Muchas parejas de edad mediana no están suficientemente informadas del empleo de lubricantes para facilitar la penetración y lograr un coito satisfactorio. En no pocas ocasiones orientar el empleo de un lubricante hidrosoluble puede resultar suficiente para resolver el dolor al contacto sexual o una simple irritación vaginal. Los médicos/as y el personal involucrado que atienden a mujeres con diabetes de edad mediana deben interrogar sobre estos aspectos para prevenir este trastorno con la lubricación para alcanzar un coito satisfactorio.

Otro de los aspectos a tener en cuenta son las infecciones vaginales, que se acompañan habitualmente de flujos con olores desagradables y crea en las mujeres gran desasosiego y preocupación. Las infecciones por hongos son frecuentes en las mujeres con diabetes y guardan una estrecha relación con el descontrol en los niveles glucémicos y la hiperglucemia y a su vez establece un circulo vicioso con la sepsis vaginal y hace más resistente su respuesta al tratamiento. El exceso de aseo de los genitales con empleo de duchas vaginales es causa de afectación en la flora normal de la vagina y crea el espacio propicio para las infecciones de tipo moniliásicas. La mejor prevención de este tipo de sepsis vaginal se logra con un buen control glucémico.

La pérdida o disminución en el deseo sexual está presente en las mujeres que tienen descontrol glucémico, con incremento en la poliuria y pérdida de electrolitos por vía urinaria, lo cual se acompaña de debilidad muscular y cansancio fácil. Con un deseo sexual disminuido es muy factible que se presente la incapacidad de alcanzar un orgasmo satisfactorio, aunque también puede verse pacientes con el deseo sexual conservado que no llegan a lograr un orgasmo satisfactorio. Si no se comprueba un descontrol metabólico importante o una sepsis urogenital se hace imprescindible la consulta con un terapeuta sexual que pueda orientar a la pareja sobre las causales de la anorgasmia (ausencia de orgasmo).

El componente de minusvalía que puede acompañar a una mujer en edad mediana, próxima al climaterio y que padece diabetes mellitus, resulta con relativa frecuencia en el principal factor desencadenante de una disminución en el deseo sexual o incluso de una anorgasmia. Se le orienta a toda paciente con algunos de estos trastornos que acuda a su médico, pues una adecuada consejería a la paciente y a su pareja puede ser de mucha ayuda y de orientación para solucionar el trastorno

Aspectos psicológicos en las personas con diabetes mellitus

Enfrentarse a una enfermedad crónica como la diabetes constituye un reto importante tanto en la vida del paciente afectado como en la cotidianidad de la experiencia familiar. Los cambios en los hábitos, la eliminación de conductas riesgosas para la salud y la adquisición de nuevos comportamientos que resulten en una mejor calidad de vida no son siempre fáciles de asumir. En la medida en que resulta imposible curar la diabetes, es vital lograr que las personas asuman nuevos patrones de conducta que les permitan sobrellevar de la mejor forma los avatares propios de tal afección la cual, generalmente está acompañada no solo de trastornos a nivel físico, sino también de afecciones psicológicas como la depresión y la ansiedad que afectan igualmente la calidad de vida y el estado de salud del paciente.

Las habilidades del paciente para enfrentar los problemas pueden influir en la capacidad del individuo para cambiar o aprender nuevos comportamientos. Los pacientes con diabetes y sus familiares pueden experimentar una amplia gama de emociones que van desde la indignación, culpa, depresión hasta la aceptación. Generalmente, la depresión es mayor en personas con enfermedades crónicas, incluyendo la diabetes. Estas emociones pueden inmovilizar a las personas en sus esfuerzos por participar activamente en el autocontrol de su enfermedad y a menudo el temor provocado por la falta de conocimientos, es una causa subyacente de la incapacidad para actuar.

En los pacientes diabéticos con cierta frecuencia se presenta depresión de diversa gravedad, tanto en el período de duelo que acompaña al conocimiento del diagnóstico, como por los cambios de hábitos que implica el manejo de la enfermedad. Además, cuando se manifiestan complicaciones propias de los padecimientos de larga evolución y sobre todo, si ha cursado con control irregular de cifras de glucemia también se pueden manifestar síndromes depresivos.

Las personas que padecen diabetes son dos veces más propensas a sufrir depresión. Sin embargo depende de cada persona que la diabetes preceda o suceda el inicio de la depresión.

Los hallazgos de algunas investigaciones confirman la presencia de una relación significativa entre la depresión y las complicaciones crónicas de la diabetes como la retinopatía, nefropatía, neuropatía alteraciones vasculares y disfunción sexual.

El padecer depresión no solo afecta el estado anímico del paciente sino que además influye notablemente en su adhesión al tratamiento y en la aceptación de la enfermedad. Por lo tanto, se puede considerar que el encontrarse deprimido puede ser una de las causas por las que no se obtenga un adecuado cumplimiento de tratamiento médico y nutricional por parte de los pacientes que padecen de Diabetes Mellitus lo que se traduce en la carencia de mejoría en su estado de salud general y en sus niveles de glucosa en sangre.

Las actitudes ante el diagnóstico pueden ser diversas, hay pacientes que piensan que con sólo emplear insulina por unos días, su problema está resuelto, pensando que como la glucemia está normal ya está curado. Al explicarle que la enfermedad es de por vida dudan del diagnóstico y a veces acuden a otro facultativo para comprobarlo o buscan ayuda con métodos no científicos.

Si el paciente padece Diabetes Mellitus tipo 2 y en su familia ha habido otras personas con esta afección, muchas veces plantea que para que cuidarse si de todas maneras se va a morir de eso.

Si el paciente es un anciano, al orientarle sobre los cambios nutricionales, muchos de ellos hacen resistencia, alegando que si hasta ahora han vivido con esos hábitos, como le queda poco por vivir, continuarán con los mismos.

En el caso de los pacientes masculinos, dejan que la familia se eduque acerca de la enfermedad y se encarguen de su alimentación y cuidados. Otros debido a los estereotipos machistas dejan de cuidarse (comen todo tipo de comida, fuman, ingieren bebidas alcohólicas, etc).

Las mujeres que tienen familia a su cuidado muchas veces se descuidan alegando que no tienen tiempo porque tienen muchas cosas que hacer (atender a los hijos, al marido, los quehaceres de la casa, etc).

Estas conductas de rechazo se acentúan en aquellos pacientes con dificultades económicas lo que interfiere en hacer un tratamiento adecuado y asistir con frecuencia al facultativo.

Otra de las actitudes que con frecuencia presentan los pacientes y familiares es que cuando el enfermo está complicado, entonces cumplen a cabalidad las orientaciones médicas, logrando un adecuado control metabólico, pues comprenden que no es difícil o imposible, sólo requiere de algunos reajustes domésticos y de la colaboración de toda la familia.

La salud bucal en las personas con diabetes mellitus

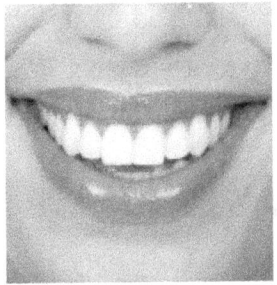

El ser diabético no significa tener lesiones en la cavidad oral, sino que es un estado predisponerte. Es uno de los factores de riesgo más importante en la conservación de la salud bucal.

La glucosa elevada en sangre afecta el sistema inmune, aumenta el riesgo de sufrir infecciones, aumenta el riesgo de sufrir alteraciones gingivales y periodontales, y produce alteraciones en los procesos de cicatrización. Por lo que se impone un manejo correcto de la diabetes con criterio preventivo.

Es posible que el estomatólogo tenga que asistir a enfermos diabéticos controlados o con control deficiente de su enfermedad, por lo tanto es necesario conocer características de la enfermedad y su repercusión en la cavidad oral.

Entre los aspectos más importantes que contribuyen al control de la diabetes y a una nutrición adecuada se incluyen la salud oral, el cuidado de la dentadura y de las encías.

La mayoría de las enfermedades bucales, son ocasionadas por microorganismos muchos de los factores que favorecen su desarrollo, tienen que ver con nuestros hábitos y estilo de vida, entre ellos se encuentran la falta de cuidado e higiene bucal y el tipo de alimentación.

El hábito de la higiene bucal debe empezar desde que al bebé le brota su primer diente, para hacerlo una costumbre saludable, que le permita a la persona como parte de su rutina de alimentación, cepillar bien los dientes después de cada comida y antes de acostarse

Pero no solamente se tiene que desarrollar el hábito del cepillado dental, sino la forma en que este debe hacerse para que sea efectivo.

El elemento indispensable para la higiene de los dientes es el **cepillo dental**, que debe ser apropiado para cada necesidad, por ellos se encuentran ahora diversos tipos de cepillo. Para que cepille bien, debe estar en buenas condiciones, para lo cual es indispensable cambiarlo mínimo cada 6 meses o cuando se note que sus cerdas ya no están fuertes y parejas.

Una higiene más profunda y completa, también requiere del **hilo dental**, que permite remover y sacar los gérmenes y partículas de comida que quedan entre los dientes, en sitios en donde los cepillos no pueden penetrar bien.

Para no lastimar la encía, se debe introducir el hilo entre los dientes muy suavemente, y presionar hacia un lado y otro de ambos dientes.

El hilo dental debe ser utilizado por lo menos una vez al día, de preferencia antes de acostarse y en personas mayores de 8 años

Los pasos para un buen cepillado son:

- Utiliza una pequeña cantidad de pasta de dientes, con cantidades adecuadas de flúor.
- Los niños deben usar un cepillo dental suave. Primero se debe cepillar la superficie interior de cada diente, que es donde más se acumula la placa. Cepillar suavemente de posterior a anterior.
- Los dientes deben ser cepillados de arriba hacia abajo o de abajo hacia arriba dependiendo del maxilar que sea, esto es importante porque permite el masaje y "vaciado", de la encía, en caso de que algún alimento se haya incrustado en ella.
- El cepillado debe hacerse en las dos caras la externa e interna de los dientes, de la misma forma.
- Cepillar la superficie de masticación de cada diente.
- Utilizar la punta del cepillo para limpiar la parte posterior de los dientes anteriores, tanto superiores como inferiores.
- Al final se puede cepillar la lengua para eliminar las bacterias.

LA DIBETES MELLITUS
Consideraciones para su prevención

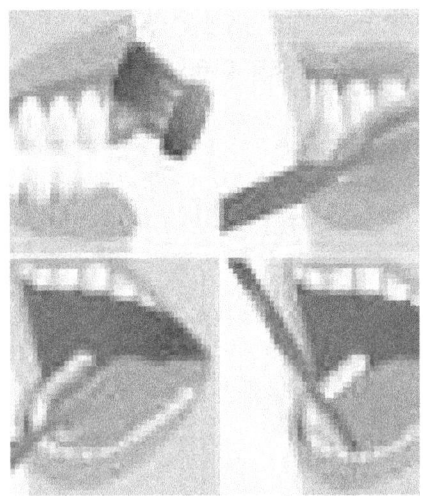

Aparición de posibles problemas bucodentales

- Los pacientes con diabetes tienen mayores probabilidades de tener inflamación de las encías, que puede originar dolor y sangrado.
- Mayores opciones de sufrir periodontitis severa, que puede llegar incluso a provocar la pérdida de las piezas dentales, ya que los diabéticos son más susceptibles a desarrollar infecciones.
- Acumulación de placa bacteriana.
- Xerostomía o sequedad bucal.
- Infección por hongos, conocida como candidiasis bucal.

- Aparición de unas pequeñas pero dolorosas úlceras blanquecinas en la cavidad oral si no se controlan los niveles de azúcar en sangre.

Enfermedad periodontal

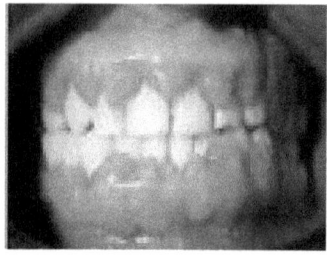

La enfermedad periodontal es una condición causada por bacterias que afectan los tejidos y el hueso que sostienen a los dientes y las muelas. Esta enfermedad comienza con la inflamación de las encías. Cuando no se da tratamiento, la inflamación se hace más grave. En ocasiones la infección destruye el hueso y ligamentos que sostienen a los dientes y las muelas. Si no se da el tratamiento adecuado, la enfermedad periodontal hace que los dientes sanos se aflojen y eventualmente se caigan.

La relación entre la enfermedad periodontal y la diabetes está muy documentada. Los estudios han descubierto que la enfermedad periodontal se encuentra mayormente en diabéticos que en personas no diabéticas. Lo anterior quizás se deba al hecho de que los diabéticos son más susceptibles a contraer infecciones. De hecho, los diabéticos pierden más dientes que los no diabéticos. Para las personas diabéticas la enfermedad periodontal puede causar problemas serios, porque puede hacer difícil controlar el nivel de azúcar en la sangre.

Mantener sus dientes.

Las personas con diabetes deben entender la importancia de mantener sus dientes naturales. El hueso alrededor de los dientes puede dañarse con la enfermedad periodontal, causando cambios en la forma de los tejidos de las encías. Las encías disparejas pueden hacer más difícil que le adapten dentaduras postizas adecuada y cómodamente.

Además las personas con diabetes toleran menos las dentaduras postizas completas debido a que sus encías son sensibles y duelen al tocarlas. Esto hace necesario que se tengan que readaptar las dentaduras postizas a los cambios de las encías y los tejidos de soporte. Las enfermedades dentales, especialmente la enfermedad periodontal severa, pueden tener malos efectos en el control de la diabetes porque hacen difícil y doloroso el masticar. Debido a estas molestias, la persona con diabetes puede decidir comer alimentos que son más fáciles de masticar, pero que pueden ser no apropiados para su plan de alimentación.

Para evitar estas complicaciones, la persona con diabetes debe hacer todo lo posible para mantener sus dientes sanos. Con los dientes sanos, las personas con diabetes pueden controlar su enfermedad comiendo los alimentos correctos, sin tener que sufrir ningún tipo de molestia.

Proteger sus encías

El mejor consejo, tanto para las personas con diabetes como para las que no tiene, es la prevención. Si se deja que la placa se acumule, las bacteria dañinas atacan constantemente a los dientes y las encías. Lo más importante que toda persona puede hacer es evitar la acumulación de la placa. Esto se logra cepillando los dientes y usando el hilo dental cuidadosamente. Si usted hace esto todos los días, puede evitar que se presente la enfermedad. Los dentistas han notado que los pacientes mejoran una vez que se limpia la placa, incluso en los casos en que la enfermedad ya existe.

La inflamación generalmente desaparece en menos de una semana, y las encías se desinflaman y se afirman. Después de algunas semanas los dientes flojos se vuelven firmes. El cuidado dental en el hogar es muy importante para evitar que se presente la enfermedad periodontal otra vez. Normalmente, las personas que eliminan la placa correcta y regularmente evitan que se presenten estos problemas

Manifestaciones periodontales de la diabetes mellitus

Se han observado los siguientes síntomas en la mucosa oral de diabéticos con un pobre control de su enfermedad:

- Queilosis y una sensación de sequedad.
- Quemazón o ardor de boca.
- Disminución del flujo de saliva.
- Alteraciones de la flora de la cavidad oral con predominancia de Candida albicans, estreptococos hemolíticos.

Sin embargo los cambios más importantes en la diabetes no controlada son los relacionados con la reducción de los mecanismos de defensa y el aumento de la susceptibilidad a las infecciones que ocasionan la destrucción del tejido periodontal.(hueso)

Cuidado de las prótesis dental

Si por algún motivo tienes que extraerte todos o algunos de los dientes, la solución más frecuente para masticar bien y lucir una linda sonrisa es usar una prótesis dental (o dentadura postiza), completa o parcial. Y para mantenerla en perfecto estado, es importante que sepas cómo cuidarla.

Para que tu prótesis o dentadura dure más en buenas condiciones y se mantenga limpia y fresca todo el tiempo, tienes que dedicarle algunos sencillos cuidados:

1. Recuerda que las prótesis son frágiles, y pueden quebrarse si se caen en el lavabo o en cualquier

superficie dura. Cuando las manipules, hazlo sobre un paño suave, que las acolchen y protejan si se te deslizan de las manos.

2. Cepilla tu prótesis después de las comidas para mantenerla limpia, igual que haces con tus dientes naturales. Pero usa un cepillo y una pasta o limpiador designados especialmente para las prótesis. Las cerdas de estos cepillos son muy suaves para que no se rayen los dientes; las pastas o limpiadores para prótesis son también suaves, sin sustancias abrasivas.

3. Si te resulta inconveniente cepillar tu prótesis después de comer, enjuágate la boca con agua para eliminar cualquier partícula de alimento que haya quedado atrapada entre los dientes. Además de limpiar tu prótesis, es necesario que te cepilles las encías, la lengua y la parte interna de la boca con un cepillo de cerdas suaves dos veces al día. Así eliminas la placa y estimulas la circulación, lo que conserva sanas tus encías. Y también es bueno que te laves la boca a diario con un enjuague bucal o con agua tibia con sal.

4. Usa tu prótesis todos los días para asegurarte de que se adapta bien a tu boca. Con el tiempo, las encías y la línea de la mandíbula cambian y tienden a retroceder. Si usas la prótesis a diario, minimizas el problema.

5. De todos modos, la prótesis debe ajustarse cada cierto tiempo para que se fije bien. Si la cuidas adecuadamente, suele durar de cinco a siete años antes de que debas reemplazarla por una nueva.
6. Dale un descanso a tus encías: quítate la prótesis cuando te vayas a acostar. Y para evitar que se golpee o se deforme cuando esté fuera de tu boca, consérvala en agua, a la que puedes agregar alguna pastilla desinfectante.
7. Si la prótesis te sigue molestando después de un tiempo prudente, ve al dentista. Probablemente necesite un ajuste. Si se mueve cuando hablas, o se suelta cuando te ríes, te sonríes o toses, habla también con tu dentista para que te la ajuste apropiadamente.
8. Examina tu boca con frecuencia. Si te molesta, si hay algún área dolorosa, o si notas una llaguita que no sana, consulta enseguida con tu dentista. Eso es especialmente importante si padeces de diabetes.
9. Recuerda que las prótesis son frágiles, y pueden quebrarse si se caen en el lavabo o en cualquier superficie dura. Cuando las manipules, hazlo sobre un paño suave, que las acolchen y protejan si se te deslizan de las manos.
10. Cepilla tu prótesis después de las comidas para mantenerla limpia, igual que haces con tus dientes naturales. Pero usa un cepillo y una pasta o limpiador

designados especialmente para las prótesis. Las cerdas de estos cepillos son muy suaves para que no se rayen los dientes; las pastas o limpiadores para prótesis son también suaves, sin sustancias abrasivas.

11. Si te resulta inconveniente cepillar tu prótesis después de comer, enjuágate la boca con agua para eliminar cualquier partícula de alimento que haya quedado atrapada entre los dientes. Además de limpiar tu prótesis, es necesario que te cepilles las encías, la lengua y la parte interna de la boca con un cepillo de cerdas suaves dos veces al día. Así eliminas la placa y estimulas la circulación, lo que conserva sanas tus encías. Y también es bueno que te laves la boca a diario con un enjuague bucal o con agua tibia con sal.

12. Usa tu prótesis todos los días para asegurarte de que se adapta bien a tu boca. Con el tiempo, las encías y la línea de la mandíbula cambian y tienden a retroceder. Si usas la prótesis a diario, minimizas el problema.

13. De todos modos, la prótesis debe ajustarse cada cierto tiempo para que se fije bien. Si la cuidas adecuadamente, suele durar de cinco a siete años antes de que debas reemplazarla por una nueva.

14. Dale un descanso a tus encías: quítate la prótesis cuando te vayas a acostar. Y para evitar que se golpee o se deforme cuando esté fuera de tu boca, consérvala en

agua, a la que puedes agregar alguna pastilla desinfectante.

15. Si la prótesis te sigue molestando después de un tiempo prudente, ve al dentista. Probablemente necesite un ajuste. Si se mueve cuando hablas, o se suelta cuando te ríes, te sonríes o toses, habla también con tu dentista para que te la ajuste apropiadamente.
16. Examina tu boca con frecuencia. Si te molesta, si hay algún área dolorosa, o si notas una llaguita que no sana, consulta enseguida con tu dentista. Eso es especialmente importante si padeces de diabetes.

Prevención del cáncer bucal

Una de las acciones que han tenido mayor impacto positivo en la salud desde hace varios años es el auto examen clinico que se realiza en la cavidad bucal para identificar signos de alarma con la mayor oportunidad posible de manera que al percibir como abultamientos, ulceraciones, manchas o placas rojas, puntos sangrantes, secreción de pus, puntos ligeramente dolorosos y durezas localizadas. acudan al médico para su revisión profesional, permitiendo así detectar oportunamente situaciones que ponen en riesgo su salud.

Para realizar el autoexamen solo hace falta un espejo y buena iluminación. El autoexamen debe hacerse una vez al mes con calma y atención. Ahora adelante, examinaremos tres regiones. La cara, la boca y el cuello

Recomendaciones

10 consejos generales para la salud dental del paciente diabético:

1. Debe ser **consciente del riesgo de enfermedad periodontal** y que ésta incide en el control de los niveles de glucosa.
2. El **examen bucodental con un examen completo de sus encías** debe formar parte de la evaluación de su diabetes
3. En el caso de diagnosticársele periodontitis debe ser **riguroso en el tratamiento.** Si inicialmente no se le diagnostica, debe acudir a un control de sus encías, al menos, una vez al año.
4. En caso de **infección bucodental o periodontal aguda**, debe acudir urgentemente a una clínica dental para recibir el tratamiento adecuado.
5. Si **pierde dientes por la periodontitis**, deberá sustituirlos con implantes o prótesis para recuperar la masticación adecuada que le permita mantener una buena nutrición.
6. No debe descuidar su **educación en salud** relacionada

con su enfermedad.

7. En el caso de los **niños**, sus controles odontológicos específicos de la diabetes deben iniciarse entre los 6 y los 7 años

8. Debe estar atento a otras **señales de alarma** relacionadas con su salud bucodental: ardor de boca, pérdida del sentido del gusto, sequedad, infecciones...

9. El paciente en riesgo de tener diabetes e inflamación de las encías debe acudir a un **endocrino para su correcto diagnóstico** y seguimiento y a un **odontólogo** para el tratamiento de la enfermedad periodontal.

10. En el **seguimiento de los tratamientos odontológicos** en general debe tener en cuenta:

BIBLIOGRAFÍA

1.- Suárez González R. Un nuevo paradigma para la época de la prevención de la diabetes [artículo en línea]. Rev Cubana Endocrinol 2009, 20 (2) .Disponible en):<http://scielo.sld.cu/scielo.php?script=sci_arttext&pid=S1561-29532009000200005&lng=es&nrm=iso > [consulta :23 de Septiembre del 2013].

2.- Pérez Rodríguez A, Barrios López Y, Monier Tornés A, Berenguer Gouarnalusses M, Martínez Fernández I. Repercusión social de la educación diabetológica en personas con diabetes mellitus [artículo en línea] MEDISAN 2009;13(1).Disponible en: <http://bvs.sld.cu/revistas/san/vol13_1_09/san11109.htm>[consulta 24 de noviembre del 2013].

3.- De la Osa JA. Disminuyen muertes por Diabetes. Gramma 2012 Nov; nacional: 2 (col 1-3).

4.- Ceballos González A. En busca de un mayor control de la Diabetes. Gramma 2013 Dic; nacional: 2 (col 5-6).

5.- Navarro Despaigne D. Diabetes Mellitus, menopausia y osteoporosis. La Habana: editorial Científico Técnica; 2007

6.- ¿Que es la Diabetes?. Artículo en línea. Disponible en: http://www.forumclinic.org/enfermedades/la-diabetes/informacion/que_es/otros-tipos-de-diabetes. Consultado 24 Abril 2013.

7.- Diaz Diaz O, Orlandi González N, Alvarez Sejas E, Castelo Elías-Calles L, Conesa Gonzáles AI, Gandur Salabarría L, et al. Manual para el diagnóstico y el tratamiento del paciente diabético en el nivel primario de salud. La Habana: MINSAP; 2011.

8.- Escolar Pujolar A. Determinantes sociales frente a estilos de vida en la Diabetes Mellitus de tipo 2 en Andalucía: ¿la dificultad para llegar a fin de mes o la obesidad? Gac Sanit 2009; 23 (5): 427-32. Disponible en: http://scielo.isciii.es/scielo.php?pid=S0213-91112009000500012&script=sci_arttext&tlng=e .[consulta: 16 noviembre del 2013].

9.- Chaufan Cl. ¿Genética o pobreza? El contexto social de la diabetes tipo 2. Disponible en: http://scholar.google.com.cu/scholar?as_q=%C2%BFGen%C3%A9tica+o+pobreza%3F+El+contexto&as_epq=&as_oq=&as_eq=&as_occt=any&as_sauthors=Claudia+Chaufan&as_publication=&as_ylo=&as_yhi=&btnG=%3CSPAN+class%3Dgs_wr%3E%3CSPAN+class%3Dgs_bg%3E%3C%2FSPAN%3E%3CSPAN+class%3Dgs_lbl%3E%3C%2FSPAN%3E%3CSPAN+class%3Dgs_ico%3E%3C%2FSPAN%3E%3C

%2FSPAN%3E&hl=es&as_sdt=0%2C5 .[consulta: 16 noviembre del 2013].

10. Izquierdo-Valenzuela A, Boldo-León X, Muñoz-Cono JM. Riesgo para desarrollar diabetes mellitus tipo 2 en una comunidad rural de Tabasco. Salud en Tabasco 2010; 16 (1): 861-68. Disponible en: www.saludtab.gob.mx/revista.[consulta: 16 noviembre del 2013].

11. López Ramón Concepción, Ávalos García María Isabel. Diabetes mellitus hacia una perspectiva social. Rev Cubana Salud Pública [revista en la Internet]. 2013 [citado 2013 Nov 10] ; 39(2): 331-345. Disponible en: http://scielo.sld.cu/scielo.php?script=sci_arttext&pid=S0864-34662013000200013&lng=es

12. Roca Goderich R, Smith Smith V, Paz Presilla E, Lozada Gómez J, Serret Rodríguez B, Llamos Sierra N et al. Temas de Medicina interna. 4ta ed. La Habana: ECIMED; 2011

http://www.bvs.sld.cu/libros_texto/medicina_internaiii/cap31.pdf 4ta edición, Editorial ECIMED.

23. Pérez Rodríguez A, Lora Nieto S, Inclán Acosta A. Prediabetes: antesala de la diabetes sacarina de tipo 2 [artículo en línea] MEDISAN 2010;14(2).Disponible en: <http://bvs.sld.cu/revistas/san/vol_14_2_10/san18210.htm>[consulta 4 enero 2011].

24. Todo sobre la prediabetes. <http://professional.diabetes.org/UserFiles/File/Make%20the%20Link%20Docs/CVD%20Toolkit/Spanish/01.sp.PreDiabetes.pdf> [consulta 28 de noviembre del 2013].

25. Pérez Rodríguez A, Inclán Acosta A, Lora Nieto S, Barrios López Y. La dieta un principio básico de la disglucemia. artículo en línea] MEDISAN 2011; 15(4). Disponible en: http://bvs.sld.cu/revistas/san/vol13_1_09/san11109.htm [consulta 28 de noviembre del 2013].

26. Hernández Rodríguez J, Licea Puig ME. Papel del ejercicio físico en las personas con diabetes mellitus. Rev Cubana Endocrinol [revista en la Internet]. 2010 Ago [citado 2013 Oct 27] ; 21(2): 182-201. Disponible en: http://scielo.sld.cu/scielo.php?script=sci_arttext&pid=S1561-29532010000200006&lng=es

27. Basualdo MN, Di Marco I, Bourlot B, Ramírez. MR, Dravesía FA. Guía de práctica clínica: Diabetes y embarazo. Hospital Ramón Sardá 2010 Disponible en: http://scholar.google.com.cu/scholar?start=40&q=allintitle:+Diabetes+y+embarazo&hl=es&as_sdt=0,5&as_ylo=2000&as_yhi=2013.

28. Hernández Yero A. Sexualidad y Diabetes mellitus. Disponible en:

http://scholar.google.com.cu/scholar?as_q=Diabetes+Mellitus+y+sexualidad&as_epq=&as_oq=&as_eq=&as_occt=title&as_sauthors=&as_publication=&as_ylo=2000&as_yhi=2013&btnG=%3CSPAN+class%3Dgs_wr%3E%3CSPAN+class%3Dgs_bg%3E%3C%2FSPAN%3E%3CSPAN+class%3Dgs_lbl%3E%3C%2FSPAN%3E%3CSPAN+class%3Dgs_ico%3E%3C%2FSPAN%3E%3C%2FSPAN%3E&hl=es&as_sdt=0%2C5

29. Pineda N., Bermúdez V., Cano C., Mengual E., Romero J., Medina M., et al. Niveles de depresión y sintomatología característica en pacientes adultos con diabetes Mellitus tipo 2. *Arch. venez. farmacol. Ter* 2004 23(1), 74-78. Disponible en: http://scholar.google.com.cu/scholar?q=related:iqUEgRQDj_MJ:scholar.google.com/&hl=es&as_sdt=0,5&as_ylo=1970&as_yhi=2013

30. MINSAP. Programa del Médico y Enfermera de la Familia. La Habana: MINSAP: 23.

31. García Heredia Gilda L, Miranda Tarragó Josefa D.. Necesidades de aprendizaje relacionados con el cáncer bucal en un círculo de abuelos de Ciudad de La Habana. Rev Cubana Estomatol [revista en la Internet]. 2009 Dic [citado 2014 Ene 30]; 46(4): 90-101. Disponible en:

http://scielo.sld.cu/scielo.php?script=sci_arttext&pid=S0034-75072009000400009&lng=es.

32. Una mala salud bucal puede afectar la salud de los diabéticos

http://www.esmas.com/salud/home/noticiashoy/603950.html

33. Horta Muñoz DM, Rodríguez Mora MM, López Govea F, Herrera Miranda GL, Coste Reyes J. La diabetes mellitus como factor de riesgo de pérdida dentaria en la población geriátrica. Rev de Ciencias Médicas 2010 14 (1)

LA DIBETES MELLITUS
Consideraciones para su prevención

DR. ARNOLDO PÉREZ RODRÍGUEZ

DR. ARNOLDO PÉREZ RODRÍGUEZ

© Dr. Arnoldo Pérez Rodríguez
IBSN: 978-1326796945
Editado: MaEl Libros
   Septiembre 2016

ISBN 978-1-326-79694-5